essentials

essentials liefern aktuelles Wissen in konzentrierter Form. Die Essenz dessen, worauf es als „State-of-the-Art" in der gegenwärtigen Fachdiskussion oder in der Praxis ankommt. *essentials* informieren schnell, unkompliziert und verständlich

- als Einführung in ein aktuelles Thema aus Ihrem Fachgebiet
- als Einstieg in ein für Sie noch unbekanntes Themenfeld
- als Einblick, um zum Thema mitreden zu können

Die Bücher in elektronischer und gedruckter Form bringen das Fachwissen von Springerautor*innen kompakt zur Darstellung. Sie sind besonders für die Nutzung als eBook auf Tablet-PCs, eBook-Readern und Smartphones geeignet. *essentials* sind Wissensbausteine aus den Wirtschafts-, Sozial- und Geisteswissenschaften, aus Technik und Naturwissenschaften sowie aus Medizin, Psychologie und Gesundheitsberufen. Von renommierten Autor*innen aller Springer-Verlagsmarken.

Erhan Yilmaz · Sven Meyhöfer ·
Henrik Sanchez-Gonzalez ·
Alexander Goudz

Blockchain-Implementierung in eine Automotive Supply Chain

Erhan Yilmaz
Campus Duisburg Fakultät
für Ingenieurwissenschaften
Abteilung Maschinenbau Lehrstuhl
Transportsysteme und -logistik Gebäude
SK, University of Duisburg-Essen
Duisburg, Deutschland

Sven Meyhöfer
Campus Duisburg Fakultät
für Ingenieurwissenschaften
Abteilung Maschinenbau Lehrstuhl
Transportsysteme und -logistik Gebäude
SK, Universität Duisburg-Essen
Duisburg, Deutschland

Henrik Sanchez-Gonzalez
Campus Duisburg Fakultät
für Ingenieurwissenschaften
Abteilung Maschinenbau Lehrstuhl
Transportsysteme und -logistik Gebäude
SK, Universität Duisburg-Essen
Duisburg, Deutschland

Alexander Goudz
Campus Duisburg Fakultät
für Ingenieurwissenschaften
Abteilung Maschinenbau Lehrstuhl
Transportsysteme und -logistik Gebäude
SK, Universitat Duisburg-Essen
Duisburg, Deutschland

ISSN 2197-6708 ISSN 2197-6716 (electronic)
essentials
ISBN 978-3-658-38180-6 ISBN 978-3-658-38181-3 (eBook)
https://doi.org/10.1007/978-3-658-38181-3

Die Deutsche Nationalbibliothek verzeichnet diese Publikation in der Deutschen Nationalbibliografie, detailllierte bibliografische Daten sind im Internet über http://dnb.d-nb.de abrufbar.

© Der/die Herausgeber bzw. der/die Autor(en), exklusiv lizenziert an Springer Fachmedien Wiesbaden GmbH, ein Teil von Springer Nature 2022
Das Werk einschließlich aller seiner Teile ist urheberrechtlich geschützt. Jede Verwertung, die nicht ausdrücklich vom Urheberrechtsgesetz zugelassen ist, bedarf der vorherigen Zustimmung des Verlags. Das gilt insbesondere für Vervielfältigungen, Bearbeitungen, Übersetzungen, Mikroverfilmungen und die Einspeicherung und Verarbeitung in elektronischen Systemen.
Die Wiedergabe von allgemein beschreibenden Bezeichnungen, Marken, Unternehmensnamen etc. in diesem Werk bedeutet nicht, dass diese frei durch jedermann benutzt werden dürfen. Die Berechtigung zur Benutzung unterliegt, auch ohne gesonderten Hinweis hierzu, den Regeln des Markenrechts. Die Rechte des jeweiligen Zeicheninhabers sind zu beachten.
Der Verlag, die Autoren und die Herausgeber gehen davon aus, dass die Angaben und Informationen in diesem Werk zum Zeitpunkt der Veröffentlichung vollständig und korrekt sind. Weder der Verlag, noch die Autoren oder die Herausgeber übernehmen, ausdrücklich oder implizit, Gewähr für den Inhalt des Werkes, etwaige Fehler oder Äußerungen. Der Verlag bleibt im Hinblick auf geografische Zuordnungen und Gebietsbezeichnungen in veröffentlichten Karten und Institutionsadressen neutral.

Planung/lektorat: Petra Steinmüller
Springer Vieweg ist ein Imprint der eingetragenen Gesellschaft Springer Fachmedien Wiesbaden GmbH und ist ein Teil von Springer Nature.
Die Anschrift der Gesellschaft ist: Abraham-Lincoln-Str. 46, 65189 Wiesbaden, Germany

Was Sie in diesem *essential* finden können

- Eine praxisnahe virtuelle Implementierung der Blockchain-Technologie in eine Automotive Supply Chain mithilfe eines EPK-Modells.
- Praxisrelevante Anwendungsmöglichkeiten der Blockchain-Technologie.
- Die Antwort darauf, warum Transparenz und Rückverfolgbarkeit immer wichtiger werden und wie die Blockchain-Technologie ihren Beitrag dazu leisten kann.

Vorwort

Die Bedeutung von Transparenz und Rückverfolgbarkeit spielt eine immer größere Rolle für international agierende Unternehmen. Dabei ist eine global ausgerichtete und transparente Supply Chain der Schlüssel, um sich auf dem globalen Markt gegenüber den Wettbewerbern durchsetzen und auf Veränderungen schnell reagieren zu können. Die 2008 eingeführte Blockchain-Technologie besitzt dabei das Potenzial, die Thematik rund um die Transparenz und Rückverfolgbarkeit nachhaltig zu beeinflussen. Während die Blockchain-Technologie bisher vornehmlich im Finanzsektor genutzt wurde, legt dieses Essential seinen Schwerpunkt auf den Bereich Logistik und Supply Chain. Dafür wurde die Lieferkette eines fiktiven Unternehmens namens Cisternia GmbH untersucht. In dieser werden nun drei mögliche Supply Chain-Prozesse aufgezeigt, die den möglichen Mehrwert einer Implementierung der Blockchain unter Beweis stellen sollten.

Erhan Yilmaz
Sven Meyhöfer
Henrik Sanchez-Gonzalez
Alexander Goudz

Einleitung

Transparenz und Rückverfolgbarkeit sind zwei immer wichtiger werdende Faktoren, um beispielsweise eine Supply Chain sowohl in kosten- als auch prozessorientierter Sichtweise zu optimieren. Die hierbei aktuell immer wieder existierende Abhängigkeit von intermediären bzw. dritten ‚Vertrauens'-Parteien zur Schaffung von Transparenz ist eine von vielen Herausforderungen der aktuellen Industriewirtschaft. Die Blockchain-Technologie möchte eine Lösung für Transparenz und Rückverfolgbarkeit liefern, sodass eine Vertrauensbasis zwischen Unternehmen und Intermediären unerheblich sein soll. Ebenso kann die Blockchain ihr Potenzial nutzen, die Supply Chain weiter zu optimieren und zu automatisieren. Daher hat dieses Essential das Ziel, das Potenzial und die Qualität von Blockchain-Technologien zu untersuchen, indem die Blockchain in eine realitätsnahe Automotive Supply Chain implementiert werden soll. Dabei soll die zentrale Frage erörtert werden, inwieweit die Blockchain auch die Supply Chain verbessern kann.

Um diese zentrale Frage zu beantworten, ist als theoretische Grundlage die Blockchain-Technologie als solches zu definieren und abzugrenzen. Eine Rolle spielt dabei ebenfalls die Entwicklung und das Potenzial der Blockchain, um die Strahlkraft, die technischen Hintergründe und Anwendungsfelder der Technologie zu plausibilisieren. Zusätzlich von Bedeutung ist die Definition, Entwicklung und Wichtigkeit von Transparenz, womit ein allgemeiner Konsens zu dieser Thematik entsteht. Genauso wichtig wie die Transparenz ist die Rückverfolgbarkeit und damit einhergehend auch die Begriffsabgrenzung von Tracking & Tracing sowie die Treiber, An- und Herausforderungen der Rückverfolgbarkeit.

Der Hauptteil dieses Essentials befasst sich mit dem von den Autoren fiktiv erstellten Unternehmen Cisternia GmbH und seiner Supply Chain. In dieser werden drei mögliche Optionen der Implementierung einer Blockchain dargestellt.

Damit diese Ausarbeitung nicht die erforderlichen Rahmenbedingungen überschreitet, wurde davon abgesehen, jegliche Details, die nicht explizit zur Zielerreichung dieser Arbeit beitragen, anzuführen. In dieser Arbeit wird aus Gründen der besseren Übersichtlichkeit und Lesbarkeit auf die simultane Verwendung männlicher und weiblicher Sprachformen verzichtet. Sämtliche Personenbezeichnungen gelten für beide Geschlechter.

Inhaltsverzeichnis

1	**Die Blockchain**...	1
	1.1 Der Beginn einer (R)evolution?...........................	1
	1.2 Blockchain Definition & Aufbau..........................	2
	1.3 Aktuelle und potenzielle Anwendungsfelder der Blockchain.....	4
2	**Transparenz und Rückverfolgbarkeit**.........................	9
	2.1 Die Wichtigkeit von Transparenz in Wirtschaft und Technik.....	9
	2.2 Treiber, Anforderungen & Herausforderungen der Rückverfolgbarkeit......................................	12
3	**Die Implementierung der Blockchain in die Automotive Supply Chain**..	15
	3.1 Die Supply Chain von Cisternia Automotive.................	15
	3.1.1 Supply Chain-Prozesse ohne Blockchain..............	16
	3.1.2 Supply Chain-Prozesse mit Blockchain...............	24
	3.2 Benchmarkvergleich.....................................	38
4	**Fazit und Ausblick**..	41

„Zum Weiterlesen" (Weiterführende Literatur als Tipp für den Leser).. 45

Literatur... 47

Die Blockchain 1

1.1 Der Beginn einer (R)evolution?

Der amerikanische Ökonom Kenneth J. Arrow (1972) spricht davon, dass so gut wie jede kommerzielle Transaktion zwischen Parteien ein grundlegendes Element des Vertrauens birgt. Eine große relative Rückständigkeit der Wirtschaft ist damit durch das Fehlen von gegenseitigem Vertrauen zu erklären (Vgl. Arrow, 1972).

Heutzutage benötigen virtuelle, z. T. auch ‚Face-to-Face'-Transaktionen eine dritte Partei zur Validierung des Handels. Ob man online einkauft (Bank als Validierung), Geld versendet (z. B. Paypal) oder sich um Eigentumsobjekte bemüht (zentrale Behörde), der Aufwand dieser dritten Partei ist unter Umständen unnötig und zu groß (Vgl. Pisa & Juden, 2017, S. 5). Dieses Problem soll durch die Blockchain-Technologie gelöst werden, welche im Zuge des Bitcoinserfindung erstmals im Jahr 2008 in Erscheinung trat (Vgl. Abschn. 3.2). Die Blockchain-Technologie entstand als Folge der Weltwirtschaftskrise 2008, auf dessen Kosten sich nicht-rückverfolgbare Geschäfte ergaben und somit bewusst Kapital aus der Situation geschlagen wurde (Vgl. Bolten, 2017). Es besteht ein genereller Konsens, dass die Blockchain-Technologie einen wichtigen und prägenden Einfluss auf den wirtschaftlichen Handel und dessen zukünftige Entwicklung mit sich bringen wird. Neben dem Bitcoin bringt die Blockchain als Technologie seit 2008 auch viele weitere Modelle hervor.

Das nach Bitcoin wohl weitläufigste Blockchain-Modell ist das 2014 veröffentlichte Ethereum. Anders als Bitcoin speichert Ethereum nicht ausschließlich Transaktionsinformationen, sondern stellt vielmehr eine „offene" Plattform dar, auf der blockchainbasierte Applikationen selbst programmiert werden können (Vgl. Pisa & Juden, 2017, S. 11).

Um die Blockchain-Technologie weitreichend zu adaptieren, sind Bedenken hinsichtlich des Datenschutzes, der Betriebsresilienz und Führung anzuführen. Ein regulierendes Kontrollgremium, welches u. a. technologische Grenzen bestimmt, ist dabei von Vorteil (Vgl. Pisa & Juden, 2017, S. 12).

Grundsätzlich sind im Zuge der Modernisierung durch die Blockchain-Technologie zwei Lager entstanden. Viele der neuen Start-ups verfolgen das langfristige Ziel, soziale, ökonomische und politische Strukturen zu revolutionieren. Dieser radikale und disruptive Ansatz beabsichtigt eine gesellschaftliche Neuordnung und ist geprägt von der Vision einer dezentralisierten und freien Welt, in der ein Individuum Eigentümer seiner generierten Daten ist. Der zweite Ansatz wird von etablierten Organisationen vertreten, die in der Blockchain-Technologie das Potenzial zur Optimierung bereits bestehender Strukturen erkennen. Das Bestreben liegt vorrangig im Erhalt ihres Einflusses und fokussiert sich auf kurzfristige Planungshorizonte mit dem Ziel, die Blockchain-Technologie in ein bestehendes Geschäftsmodell zu implementieren (Vgl. Castells et al., 2017, S. 87 ff.).

1.2 Blockchain Definition & Aufbau

Zum Verständnis und der Definition des Blockchain-Begriffes sowie der dahinterstehenden Technologie bedarf es zu Beginn der Ausführung eines kurzen Exkurses in die Softwarearchitekturen. Als die wichtigsten Ansätze gelten innerhalb der Literatur die zentralisierten und verteilten Architekturen. Bei dem zentralisierten Ansatz der Softwaresysteme sind Einzelkomponenten (z. B. Computer) um eine Hauptkomponente (z. B. Server) angeordnet. In verteilten Architekturen hingegen sind die Einzelkomponenten ohne zentrales Element miteinander verbunden. Die Koordinierungs- und Kontrollaufgaben des zentralen Elements übernehmen im verteilten Softwaresystem alle Einzelkomponenten gemeinsam, weswegen eine Abschaltung des Gesamtsystems über einen einzigen ‚Schalter' nicht möglich ist (vgl. Drescher, 2017, S. 30 f.).

Bei der Konzeption eines Softwaresystems besitzt die Wahl der Architektur des Systems Auswirkungen auf die Sicherstellung der Integrität, d. h. der Bedingungen, die an die Software und deren Datenstruktur gestellt werden. Die Blockchain bietet nun eine Möglichkeit, diese Integrität für verteilte Softwaresysteme (wie bspw. Peer-to-Peer-System) zu erzielen (vgl. Drescher, 2017, S. 36).

In klassisch verteilten Softwaresystemen stellen sich die Knoten, sog. Nodes, ihre eigenen vorhandenen Berechnungsressourcen, wie bspw. die Speicherkapazität, gegenseitig zur Verfügung. Dabei gilt der Gleichheitsgrundsatz in Bezug auf

1.2 Blockchain Definition & Aufbau

dieselben Rechte und Rollen der einzelnen Nodes. Rein verteilte Peer-to-Peer-Systeme besitzen durch den Wegfall der zentralen Systemelemente ein hohes Potenzial an Disintermediation (Wegfall von Zwischenstufen) ganzer Branchen. Die Blockchain erhält durch dieses Potenzial mittels seiner Fähigkeit des Erreichens und Erhaltens von Integrität für genau solche Systeme ebenfalls einen Bedeutungszuwachs (vgl. Drescher, 2017, S. 42 ff.).

Um Vertrauen in rein verteilte Peer-to-Peer-Systeme zu schaffen und Integrität in diesen Systemen zu erhalten, bedarf es Faktoren, die jedem Teilnehmer bekannt sind. Zu den wichtigsten Faktoren zählen die Kenntnis über die Anzahl der Nodes sowie deren Vertrauenswürdigkeit. Bei guten Bedingungen und Kenntnisständen ist das Erreichen von Integrität leicht, interessant wird es hingegen, wie sich Integrität unter den schlechtesten Bedingungen erzielen lässt. Mithilfe der Blockchain soll Integrität unter unbekannter Anzahl an Nodes und unbekannter Vertrauenswürdigkeit erreicht werden (vgl. Drescher, 2017, S. 50 f.).

Die Verwendung des Begriffes Blockchain findet neben einzelnen Softwarekomponenten, die zu Teilen miteinander kombiniert werden, auch für die Gesamtheit eines rein verteilten Systems Anwendung. So kann der Name Blockchain für Datenstrukturen, Algorithmen, Technologiepakete oder als Oberbegriff für rein verteilte Peer-to-Peer-Systeme stehen, die vorangegangene Anwendungen vereinen (vgl. Drescher, 2017, S. 53 f.).

So sehen die Autoren dieses Artikels die folgende Definition des Blockchain-Begriffs als zutreffend an:

> „Die Blockchain ist ein rein verteiltes Peer-to-Peer-System von Hauptbüchern, das eine Softwarekomponente verwendet, die aus einem Algorithmus besteht, der den Informationsgehalt geordneter und verbundener Datenblöcke gemeinsam mit kryptographischen und Sicherheitstechnologien aushandelt, um dessen Integrität zu erreichen und zu erhalten" (Drescher, 2017, S. 55).

Im Großen und Ganzen lässt sich die Blockchain bzw. ihre Funktionsweise folgendermaßen beschreiben: Verschiedene Transaktionsprozesse werden in einem dezentralen System durchgeführt und zu einem Block zusammengefasst. Dieser Block enthält Daten wie bspw. Kontoinformationen oder Verträge. Mithilfe eines Algorithmus wird eine Zahl, der sogenannte Hash, berechnet. Dieser Hash dient für diesen Block als Fingerabdruck, sodass darüber Veränderungen an der Originaldatenbank feststellbar werden (Validierung). Da die Blöcke miteinander verbunden sind, fließt der Hash-Wert des Vorgänger-Blocks immer in den des nachfolgenden Blocks mit ein (vgl. Gschwendtner & Martin-Jung, 2018).

Durch die Berechnung der Hash-Werte ist eine Blockchain bereits recht gut gesichert, allerdings besteht immer noch die Gefahr einer theoretisch möglichen

Neuberechnung, sodass weitere Verfahren zur Sicherung des Vertrauens aller Beteiligten, sogenannte Konsensverfahren (wie bspw. die proof-of-work- oder proof-of-stake-Methode), von Nöten sind.

Wird nun der Blockchain-Begriff in Bezug zur Logistik gesetzt, spielt die Blockchain-Technologie gerade entlang der Supply Chain eine bedeutende Rolle. Bestehende Verträge werden durch Smart Contracts (intelligente Verträge) ersetzt, welche eine höhere Effizienz, Sicherheit und Kostenreduktion der Supply Chain ermöglichen, indem bspw. Zahlungen erst dann automatisch vollzogen werden, wenn die Bedingungen erfüllt sind und zwar ohne händische Eingriffe oder Korrekturen (Lieferung von Waren, die nach Eingang beim Kunden direkt gezahlt werden) (vgl. Gschwendtner & Martin-Jung, 2018; vgl. Hofmann, 2018). Nicht nur im SCM ist die Blockchain mittlerweile von Interesse, sondern auch im Bereich der Applikationen ermöglicht sie eine neue Stufe der Sicherheit und Transparenz. Die auf der Blockchain basierten, dezentralisierten Applikationen (DApps) sind Open Source. Denn jeder, der in diesem Netzwerk mitwirkt, kann über ein Konsens den frei zugänglichen Quelltext weiterentwickeln. Dadurch sind diese Applikationen nicht nur sicherer, sondern lassen auch eine viel schnellere Reaktion und Anpassung auf die aktuelle Marktsituation zu (vgl. Schiller, 2018).

1.3 Aktuelle und potenzielle Anwendungsfelder der Blockchain

Aufgrund des hohen Potenzials hat vor allem der Finanzsektor in die Blockchain-Technologie investiert und Projekte initiiert (Abb. 1.1).

So zeigt die Abb. 1.1, dass beispielsweise die US Federal Reserve zusammen mit IBM an der Entwicklung neuer digitaler Zahlungssysteme in Anlehnung an die Blockchain arbeitet (März 2015). Die Deutsche Bank hat im Juli 2015 erklärt, dass sie verschiedene, ‚use cases' von Blockchain in Themengebieten wie Abrechnung und Zahlung von Fiat-Währungen, Anlagenregistrierungen, Vollstreckungs- und Clearingverträgen, Meldewesen usw. erforschen. Die Citibank hat intern gar drei separate Systeme auf distributiver Blockchain-Technologie implementiert. Sie entwickelten im internen Bereich unter anderem eine eigene digitale Währung namens 'Citicoin' (Äquivalent zu Bitcoin), um die digitale Transaktionsmechanik besser zu verstehen (Juli 2015) (Vgl. Medici, 2018).

'Let's Talk Payments (LTP)' hat im Jahr 2016 im Rahmen einer Studie eine Infografik erstellt, die ‚use cases' in Finanz- und Nichtfinanzsektoren unterteilt, um herauszufinden, ob sich der Markt außerhalb der Finanzbranche ebenfalls mit dem Thema Blockchain auseinandersetzt. Dabei wurden weltweit mehrere

1.3 Aktuelle und potenzielle Anwendungsfelder der Blockchain

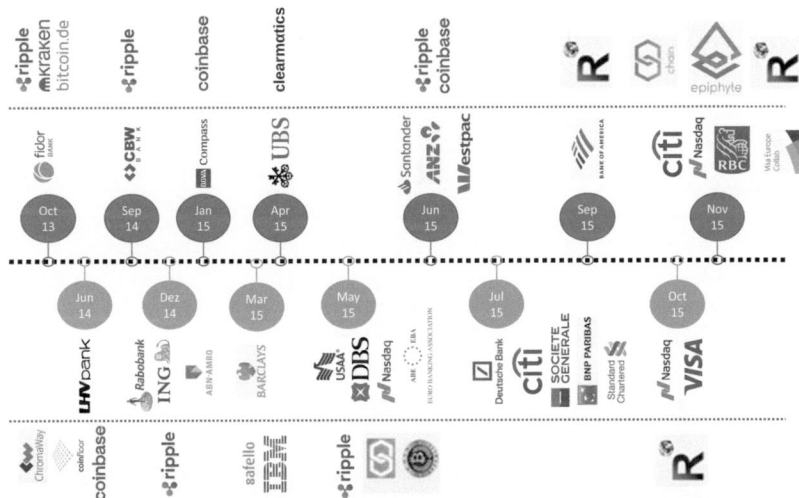

Abb. 1.1 Investitionen und Projekt großer Banken und Finanzinstitutionen im Zeitraum Oktober 2013- November 2015 (eigene Darstellung zit. n. Medici, 2018)

Investoren und Unternehmen über ihr Bewusstsein zu Blockchain befragt. In dieser Hinsicht haben folgende Themen das Ranking bestimmt:

- Meinungen der Investoren und Unternehmen aus verschiedenen Segmenten.
- Geschäfte und Partnerschaften.
- Finanzierungen durch Unternehmen.

Die Skalierung besteht aus drei Bereichen: Mit geringem, mittlerem oder hohem Bezug zum Thema (Abb. 1.2 und 1.3).

Dabei zeigt sich laut LTP, dass der Bezug zur Blockchain in einigen Bereichen des **Finanzsektors** signifikant hoch liegt. So werden Überweisungen sehr hoch bewertet, da sie relevant für ein Finazunternehmen sind, das Überweisungen schnell und kostensparender tätigen will. Auch der Handel stellt ein potenziell gutes Anwendungsfeld für Blockchain dar. Person-zu-Person-Übertragungen sind mit 0,9 Punkten zwar im Bereich eines Low Momentums, weisen aber eine Tendenz nach oben auf. Im **Nicht-Finanzsektor** sind ‚smart contracts' ein Themenfeld, in dem die Befragten zukünftig Chancen für die Blockchain sehen und dadurch die Unternehmen Investoren finden konnten. Übertragbar ist dies auch auf das Segment Gold & Silber. Das Internet of Things, gerade im

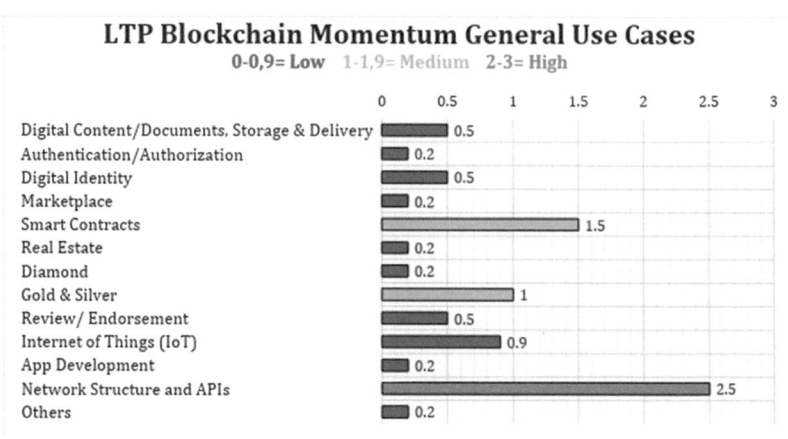

Abb. 1.2 LTP Blockchain Momentum General Use Cases. (Eigene Darstellung zit. n. Medici, 2018)

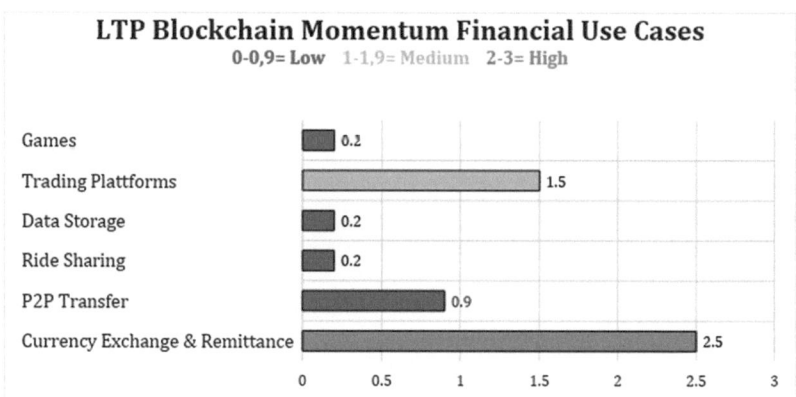

Abb. 1.3 LTP Blockchain Momentum General Use Cases. (Eigene Darstellung zit. n. Medici, 2018)

industriellen Bezug ist nicht bedeutend gewachsen, jedoch wird ein Anstieg in den kommenden Jahren erwartet. Die Netzwerkinfrastrukturen, worunter u. a. auch Ethereum fällt, besitzen als universales Themenfeld ein sehr hohes Potenzial (Vgl. Medici, 2018).

1.3 Aktuelle und potenzielle Anwendungsfelder der Blockchain

Da die Sicherstellung von Nachvollziehbarkeit und Transparenz ohne einen Intermediären nicht nur im Finanzsektor, sondern auch in anderen Anwendungsfeldern eine große Rolle spielt (Vgl. Bader & Deckers, 2017), werden im Folgenden neben den Herausforderungen im Finanzsektor weitere Anwendungsfelder diskutiert und beschrieben, inwieweit die Blockchain-Technologie dort eine Lösung bieten kann.

Finanzsektor
Die gegenwärtigen Zahlungsprozesse benötigen eine Vielzahl an ressourcenintensiven Intermediären, wie Finanzinstitute, Clearing-Stellen und Zentralbanken (Vgl. EvryLabs, 2015) Hier soll die Blockchain beispielsweise zur Abrechnung und Übertragung von Wertpapieren genutzt werden. Das Ziel ist dabei, die Transaktionen ohne einen Intermediären valide zu dokumentieren. Dadurch sollen Kosten reduziert und Prozesse beschleunigt werden. Die Chance, Transaktionen auch im Kapitalmarkt mit der Blockchain abzuwickeln, ist vor allem für Großbanken wie die Credit Suisse und Santander Bank interessant. Die Komplexität bei der Abwicklung von Kapitalmarkttransaktionen ist noch einmal wesentlich höher, eine Lösung kann durch das Start Up Axioni bereits präsentiert werden (vgl. Bader & Deckers, 2017).

Auch hinsichtlich des Controllings kann die Buchhaltung aufgrund der Integrität der Daten und der Nachvollziehbarkeit theoretisch fehlerfrei abgewickelt werden. Eine getätigte Transaktion ist nicht mehr veränderbar und somit unverfälschlich (vgl. Bader & Deckers, 2017).

Industriesektor
Blockchain spielt in Zukunft besonders für die Supply Chain eine herausragende Rolle. Einfache Verträge können über ‚smart contracts' abgewickelt, Tracking und Tracing von Gütern stark vereinfacht, die Übertragung von Containern ohne großen administrativen Aufwand von einer zur anderen Partei vollzogen werden. Factom und Sukochain bieten bereits heute diverse Lösungen für die Supply Chain mithilfe von Blockchain-Technolgie an (vgl. Bader & Deckers, 2017).

Durch das Internet of Things können auch innerhalb einer Produktion Maschinen und Anlagen gezielt überwacht werden, indem die Sensoren die Aktivitäten und den Zustand der Maschinen überwachen und in Echtzeit übermitteln (vgl. Bader & Deckers, 2017).

Der Energiemarkt profitiert durch die Transparenz und Nachverfolgbarkeit der Blockchain, indem Solaranlagen besser abgerechnet, das Tracking von Energie und Asset Management erleichtert werden können. Besonders hinsichtlich der

Energiewende kann das einen großen Wandel für den Energiemarkt darstellen (vgl. Bader & Deckers, 2017).

Mediensektor
In der Musikindustrie könnten Künstler besonders von der Blockchain-Technologie profitieren, da hierdurch die Möglichkeit besteht, die Rechte an der eigenen Musik und die Nutzungsbedingungen autark zu bestimmen und somit einen direkten Einfluss auf den Verkauf und die Rechte zu übernehmen. Die Nutzung und Zahlung kann durch in Blockchain eingebettete Algorithmen direkt miteinader gekoppelt werden (vgl. Bader & Deckers, 2017).

Eine Lösung für den schnelleren und günstigeren Verkauf von Bildern und Bildrechten durch ein transparentes blockchainbasiertes System sowie durch die Nutzung von ‚smart contracts' bietet das Unternehmen KodakOne (Wenn Digital) an (vgl. KodakOne, 2018).

Sonstige Anwendungsfelder
Für digitale Wahlsysteme kann eine Blockchain die Anonymität eines jeden Wählers sicherstellen und schützt gleichzeitig vor Manipulationen (vgl. Bader & Deckers, 2017).

Auch Patente können mithilfe der Blockchain anders strukturiert werden. Statt sie über entsprechende Verwaltungsstellen zu registrieren, könnten die Dokumente zum Nachweis des geistigen Eigentums dezentral, permanent und ohne einen Intermediären in der Blockchain abgelegt werden. Zertifikate, welche über eine mathematische Verschlüsselung garantiert werden, würden den Besitz, die Existenz und die Integrität der Dokumente regeln. Somit könnten sie weltweit auf ihre Echtheit überprüft werden (vgl. Bader & Deckers, 2017).

Da die Blockchain auch als ‚private key' vergeben wird und man trotzdem das weltweit verteilte Netz zur Datensicherung verwenden kann, ist es optimal geeignet, sensible Daten aus dem Gesundheitswesen zu speichern. Patientenakten, Krankheitsverläufe, Berichte, usw. könnten in der Blockchain gespeichert und Informationen nur für Berechtigte freigeschaltet werden. Derzeit entstehende einzelne Datenbanken, sogenannte Silos, schirmen sich gegenseitig ab und werden nur auf spezielle Anfrage weitergeleitet, was zu inkonsistenten Daten und auch zu Problemen bei der Behandlung führen kann. Zusätzlich wäre die Verknüpfung von Geräten und dem Patienten möglich, sodass eine interaktive Krankenakte generiert werden kann. Echtzeitmessungen des Blutzuckers oder der Insulinpumpe könnten dann mit der Akte verglichen und darauf entsprechend schnell reagiert werden (vgl. Bader & Deckers, 2017).

Transparenz und Rückverfolgbarkeit 2

2.1 Die Wichtigkeit von Transparenz in Wirtschaft und Technik

Die Transparenz im Allgemeinen ist der Zustand, in dem Dinge von allen Beteiligten gleichermaßen wahrgenommen werden, sodass ein Konsens über die wahre Erscheinung herrscht (vgl. Marks, 2001). Bezogen auf den ökonomischen Kontext ist Transparenz die Fähigkeit eines Auftraggebers zu beobachten, wie sich ein Auftragnehmer verhält und welche Konsequenzen sein Verhalten hat (vgl. Jansen et al., 2016, S. 15). Anders ausgedrückt, es geht um die Offenheit, die Kommunikation und um all die Themen, die die Betroffenen als wichtig erachten (vgl. Slob, 2008, S. 164 ff.).

In komplexen Gesellschaften kann Transparenz ein Weg zur Verringerung von Unsicherheiten in der Beurteilung von Handlungen, Gütern und Dienstleistungen sein. Solche Unsicherheiten könnten aber auch durch Vertrauen gemindert werden. Die Massenmedien (z. B. das Internet) eröffnen die Möglichkeit, öffentliche Themen einfach und schnell in den privaten Horizont zu holen (vgl. Jansen et al., 2016, S. 11). Sennett (1987) führt in diesem Zusammenhang den Begriff ‚Paradoxon von Isolation und Sichtbarkeit' an, der durch elektronische Medien entsteht (vgl. Sennett, 1987). Die neu gegebenen kommunikativen und öffentlichkeitsdurchblickenden Möglichkeiten kehrt dieses Paradoxon auch in eine Gegenrichtung um. So wird nicht nur Öffentliches privat leicht zugänglich gemacht, sondern auch private Kommunikationsinhalte in öffentlich zugängliche Medien verbreitet (z. B. soziale Netzwerke). Der Grad, wie viel der Privatmensch jedoch preisgeben möchte, liegt dabei aber immer noch weitestgehend in seinem Ermessen (vgl. Jansen et al., 2016, S. 11).

Um die Wichtigkeit von Transparenz weiter zu plausibilisieren, wird im Folgenden die Transparenz im Zuge der Globalisierung einerseits in Bezug auf die Wirtschaft und andererseits mit Querverweis zur Technik näher erläutert.

Wirtschaft und Transparenz

Der Ruf nach Transparenz für den Markt beginnt in den 1960er Jahren mit den proklamierten Verbraucherrechten von John F. Kennedy. Dabei steht der Bedarf an **Produkttransparenz** im Vordergrund; also das Wissen um Produkt- und Prozessqualitäten, damit das Recht auf freie Wahl umsetzbar wird. Um die Kenntnis der Spielregeln im Markt zu gewährleisten ist ebenso die **Prozesstransparenz** zu nennen. Damit soll unter anderem die Möglichkeit einer Kompensationseinforderung bei schlechten Leistungen gegeben sein. Auch das Recht auf sichere Produkte zum Schutz vor einem wirtschaftlichen Nachteil sowie das Recht auf eine gesunde Umwelt sind ohne Markttransparenz nicht denkbar und nicht durchsetzbar. Generell rührt der Wunsch nach Transparenz am Markt entweder durch wichtige Zäsuren in der Politik, wie am Beispiel Kennedy, oder durch Großereignisse wie die Finanzkrise 2008, wo der Ruf nach Transparenz einmal mehr deutlich wurde; durch Schaffung neuer gesetzlicher Grundlagen, transparenten Produktionsprozessen und durch Möglichkeiten, Schuldige zur Rechenschaft ziehen zu können. Das Verbraucherinformationsgesetz 2008 wurde aus der Finanzkrise heraus mit der Idee geboren, einen funktionsfähigen Markt zu etablieren, auf das sowohl Konsumenten als auch Anbieter und Intermediäre vertrauen können, ohne dass hohe Transaktionskosten zu zahlen wären (vgl. Jansen et al., 2016, S. 41 ff.).

Die Voraussetzung für optimale Konsumentenentscheidungen und für funktionsfähige Märkte sind die Kenntnis der Chancen und Risiken der Produkte und Dienstleistungen, der Qualität der kaufentscheidenden Charakteristika sowie der offenen und verdeckten Preise, für sowohl die Produkte selbst als auch ihres Herstellungsprozesses und ihrer Nutzung. Dabei stellen sich drei grundlegende Elemente, die sich gegenseitig hinterfragen, heraus. Zum einen gilt die Hypothese, dass, je mehr Informationen an den Konsumenten gelangen, desto größer ist das Potenzial, die Transparenz zu erhöhen und somit auch die richtigen Entscheidungen zu treffen (vgl. Jansen et al., 2016, S. 44 ff.) Demgegenüber steht jedoch auch die durch bereits empirische Studien belegte Annahme, wonach durch gezielte Reduktion von Informationen die Transparenz erhöht werden konnte (vgl. Reisch & Oehler, 2009). Gleichzeitig besteht auch die latente Gefahr des ‚verschleiernden Informationsrauschens', denn Überinformation kann unter Umständen auch mehr schaden als nützen (vgl. Jansen et al., 2016, S. 20).

2.1 Die Wichtigkeit von Transparenz in Wirtschaft und Technik

Technik und Transparenz
Die Technik als solches verfolgt den Trend, Geräte immer smarter, intuitiver und leichter bedienbar zu konzipieren, um sie für jedermann zugänglich zu machen, ohne dass dieser es beim Nutzen des Geräts überhaupt wahrnimmt. Dahinter steckt eine Algorithmus-Maschinerie, welche die Technik hinsichtlich der Transparenz immer undurchsichtiger macht. Dieser Umstand hat zur Folge, dass der Bezug zur Technik entweder in Misstrauen, Technikstress, Gleichgültigkeit oder aber in absoluter Faszination endet. Daher stellt sich die Frage, was es heißt überhaupt, Transparenz in der Technik zu etablieren und ob es überhaupt notwendig ist, diese erreichen zu wollen (vgl. Jansen et al., 2016, S. 292 ff.).

Ein technisches System ist dann transparent, wenn dem Beobachter alle möglichen Systemzustände bekannt sind und eine Regularität in dynamischen Zustandsübergängen, die sich in Abhängigkeit von einwirkenden Größen entwickelt, erkennbar ist. Dieser Umstand kann als Verhaltenstransparenz betrachtet werden (vgl. Jansen et al., 2016, S. 294). Komplexe Systeme sind jedoch gerade dadurch gekennzeichnet, dass Regularitäten nicht ohne weiteres erkennbar oder gekennzeichnet sind, d. h. sie sind nicht verhaltenstransparent (vgl. Kornwachs & Lucadou, 1984). Das System ist strukturtransparent, wenn Verbindungen zwischen den einzelnen Elementen (vertikal und horizontal) im System erkennbar sind und daraus Aussagen über das Gesamtsystem getroffen werden können. Da aber ein Verhalten durch eine Vielzahl möglicher Muster generiert werden kann, ist daraus keine Struktur ableitbar, anders herum jedoch schon. Generell lässt sich daraus unter anderem (mit Bezug auf die systemtheoretische Beschreibung) der Schluss ziehen, das System nicht als Objekt zu betrachten, sondern nur als eine Art Manifestation des menschlichen rationalen Denkens, um Komplexes einfach und verständlich darzustellen. Die Transparenz in der Technik lässt sich auf dieser Grundlage als System mit den Hauptakteuren **Hersteller, Nutzer** und **Entsorger** beschreiben, wovon jeder dieser Akteure Subsysteme enthält, die teilweise miteinander korrelieren. Der Entsorger wird, aus Gründen der zu geringen Wichtigkeit, in dem Kontext nicht näher erläutert (vgl. Jansen et al., 2016, S. 294 ff.).

Der Hersteller benötigt eine Verhaltenstransparenz, in dem er z. B. die Nutzungsbedingungen und die Folgen der Nutzung seiner hergestellten Produkte kennen muss. Zusätzlich benötigt er, um eine kontinuierliche Verbesserung der Produkte anzustreben, auch eine Strukturtransparenz. **Der Nutzer** lässt sich in *einen Betreiber* (von Technologie) und *einen Endverbraucher* abgrenzen. Der *Betreiber* eines Kernkraftwerks muss nicht nur ganz genaue Angaben zum Herstellungsprozess und zur Technik machen, sondern auch jegliche Wirkungen und Nebenwirkungen seines Angebots kennen. Dabei setzt genau an dem Punkt die Intransparenz ein, bei der diese Informationsbeschaffung (Strukturtransparenz) nicht mehr einwandfrei gewährleistet ist. Solche Intransparenzen führen zu großen Sicherheitsrisiken und sind Hauptkontroversen in der gegenwärtigen Politik. Die *Endverbraucher*, als Nutzer von technischen Geräten, wie Handys, TV-Geräten, Fahrstühlen, etc., sind als Laien ‚nur' Bediener und daher einer zwangsläufigen Undurchschaubarkeit bei komplexeren Artefakten ausgesetzt. Daraus resultierend ist die Frage, ob Technik überhaupt transparent gemacht werden soll, nur dann zu bejahen, wenn der allgemeine Wunsch vorhanden ist, nicht nur Bediener von Technik bleiben zu wollen (vgl. Jansen et al., 2016, S. 296 ff.).

2.2 Treiber, Anforderungen & Herausforderungen der Rückverfolgbarkeit

Die Rückverfolgbarkeit von Waren und Transaktionen ist für ein modernes Handelssystem unabdingbar. Risiken in einem System können die Herkunft, der Zustand oder das Ziel eines Wirtschaftsgutes sein. Aus diesem Grund ist es notwendig, so viele Informationen wie möglich über die Herkunft, den Zustand und das Ziel von Handelsgütern auswerten zu können (Vgl. Dippel: S. 30 f.).

Mit steigender Komplexität eines Netzwerkes steigt auch der Aufwand der Rückverfolgung und somit auch der Anspruch an die Überwachung und Kontrolle, um Rückverfolgbarkeit zu gewährleisten (Vgl. Dippel: S. 30 f.). Im Rahmen der Ausarbeitung des Essentials beziehen die Autoren den Begriff Rückverfolgbarkeit auf das englische Tracking und Tracing, welches im wirtschaftlichen Handeln, genauer in der Wertschöpfungskette, von Wirtschaftsgütern verwendet wird, und definieren die Rückverfolgbarkeit folgendermaßen:

> „Das Konzept der Rückverfolgbarkeit und der Überwachung bezieht sich auf Material-, Informations- und/oder Finanzprotokollierung von der Quelle bis zur Senke mit allen Bewegungen und Veränderungen einer ‚Traceable Ressource Unit' (TRU) von der Vergangenheit bis zur Gegenwart" (Vgl. Moe, 1998, S. 211).

Als TRU können in der Logistik Stückgüter, wie z. B. Schiffscontainer, Paletten, aber auch ganze Transportsysteme und Produktionschargen verstanden werden (Vgl. Dippel, 2018, S. 30 f.).

Mehrere Faktoren beeinflussen die Rückverfolgbarkeit in unterschiedlichen Bereichen der Supply Chain, sodass sich folgende Faktoren herauskristallisieren lassen:

2.2 Treiber, Anforderungen & Herausforderungen der Rückverfolgbarkeit

- *Sicherheit und Qualität:*
  Dieser Faktor muss in der Supply Chain gewährleistet sein, sodass die Rückverfolgbarkeit zum einen als ein ergänzendes Instrument zur Erfüllung von Sicherheitsanforderungen und zum anderen allerdings auch ‚zwingend' durch politische Verordnungen und Gesetze durchgeführt werden kann bzw. muss (Vgl. Aung & Chang, 2014, S. 175; Vgl. Bosona & Gebresenbet, 2013, S. 36; Vgl. Kher et al., 2010, S. 265 f.).

- *Gesellschaft:*
  Neben dem verstärkten Interesse der Verbraucher an der Sicherheit nimmt der Bedarf an transparenten Informationen zu, sodass von der Verfügbarkeit und der Konsistenz der Informationen die Zufriedenheit der Individuen abhängt, denn auf Basis dieser Informationen werden bspw. Transportentscheidungen getroffen (Vgl. Aung & Chang, 2014, S. 175; Vgl. Bosona & Gebresenbet, 2013, S. 36; Vgl. Hong et al., 2011, S. 120 f.).

- *Wirtschaft:*
  Für diesen Bereich sind die Faktoren Marktzugang, Produktpreise sowie potenzielle Finanzierung anzubringen. Die Rückverfolgbarkeitsinformationen dienen durch die Visualisierung spezifischer Qualitäts- und Sicherheitsstandards als Marketinginstrument, um die Effizienz einer Lieferkette zu verbessern, indem Logistikkosten reduziert, Informationen geteilt und Ressourcen innerhalb des Unternehmens besser verwaltet werden (Vgl. Donnelly & Olsen, 2012, S. 230 ff.; Vgl. Bosona & Gebresenbet, 2013, S. 37; Vgl. Hong et al., 2011, S. 120 f.).

Die Anforderungen und Herausforderungen an die Rückverfolgbarkeit werden von verschiedenen Experten ähnlich betrachtet. Festgehalten werden kann allerdings, dass für ein effektives und effizientes Rückverfolgbarkeitssystem eine Verbindung zwischen den Informationen und dem physischen Fluss benötigt wird, bspw. realisiert über Verpackungen und Beschriftungen (Vgl. Aung & Chang, 2014, S. 28). Generell werden dafür von Regattieri et al. vier Faktoren definiert: Produktidentifikation, Datenverfolgung, Materialfluss und Rückverfolgbarkeitstool (Vgl. Regattieri et al., 2007, S. 349 ff.).

Vergleicht man diese Treiber und Anforderungen der Rückverfolgbarkeit mit den Fähigkeiten der Blockchain-Technologie so wird ersichtlich, dass diese Anforderungen von der Blockchain-Technologie weitestgehend erfüllt werden können. Jede Transaktion auf der Blockchain wird für immer gespeichert und kann nachträglich nicht verändert oder gelöscht werden (Vgl. Morabito, 2017, S. 26). Somit basiert das Interagieren von Akteuren nicht auf gegenseitigem Vertrauen oder dem Vertrauen zu einer Drittpartei, sondern auf der Integrität der Blockchain-Technologie (Vgl. Hiemsch, 2018, S. 41; Vgl. Schwartz, 2017, S. 93).

Die Implementierung der Blockchain in die Automotive Supply Chain

3

3.1 Die Supply Chain von Cisternia Automotive

Damit im folgenden Hauptabschnitt die Vorteile bzw. Änderungen durch die Implementierung einer Blockchain in eine bestehende Supply Chain ersichtlich gemacht werden können, wird zunächst durch ein fiktiv erstelltes Unternehmen eine gängige Supply Chain erklärt. Alle verwendeten Zahlen oder Fakten sind größtenteils frei erfunden, orientieren sich jedoch an reale Automobiltankhersteller wie TI Automotive oder Kautex.

Die Cisternia Automotive GmbH, gegründet im Jahre 1982, hat es sich zur Aufgabe gemacht, Automobiltanks für Automobilproduzenten herzustellen. Seinen Hauptsitz hat das Unternehmen in Ludwigsburg und besitzt dort auch eines seiner fünf Werke europaweit. Als Systemlieferant für einen großen OEM in Stuttgart produziert das Cisternia Werk in Ludwigsburg die Benzintankvariante für das Vorzeigemodell des dort ansässigen großen Automobilherstellers. Die anderen Werke in Leipzig, Ingolstadt, Barcelona und Sochaux produzieren sowohl Benzin- als auch Dieseltanks für ausgewählte Modelle der entsprechenden OEM-Automobilhersteller vor Ort. Aus Gründen der Einfachheit wird lediglich das Werk in Ludwigsburg betrachtet, um die Supply Chain zu erklären.

Das Werk in Ludwigsburg ist mit einem Jahresumsatz von ca. 30 Mio. € eines der größeren Standorte des Unternehmens. Dabei werden in einem 3-Schichtbetrieb, fünf Tage die Woche, etwa 200 Benzintanks pro Tag produziert. Das Werk stellt keine Komponenten selbst her, sondern ist lediglich für die Endmontage zuständig. Dies geschieht an einer Produktionslinie in einem standardisierten und halbautomatisierten Verfahren. Für die Herstellung von 200 Tanks sind täglich sechs Mitarbeiter an der Kanban-orientierten Produktionslinie,

© Der/die Autor(en), exklusiv lizenziert an Springer Fachmedien Wiesbaden GmbH, ein Teil von Springer Nature 2022
E. Yilmaz et al., *Blockchain-Implementierung in eine Automotive Supply Chain*, essentials, https://doi.org/10.1007/978-3-658-38181-3_3

zwei Modultechniker, zwei Gabelstaplerfahrer, ein Qualitätssachbearbeiter, ein Prozessingenieur, ein Instandhalter und ein Lagerlogistiker beschäftigt. Zur Fertigstellung des Benzintanks werden folgende Komponenten benötigt:

- Das Kunststoffgehäuse (mit eingebautem Plastikschwimmer).
- Kunststoffeinfüllrohre (inkl. großem Einfüllrohr mit Einfüllstutzen sowie kleinere Kunststoffleitungen für Zu- und Abgase) und Kraftstoffpumpe
- Ein Tankmodul inkl. Sensor (zur Regulierung des Systemdrucks, zur Filterung von Verunreinigungen und zur Überwachung des Füllstandes und der Temperatur) (Vgl. TI Automotive, 2018)

Aus Gründen der einfachen Veranschaulichung wird im Folgenden (auch bei der Implementierung der Blockchain) lediglich der Bestellablauf des Kunststoffgehäuses beim Systemlieferanten, die Montage des Tankmoduls in der Kanban-Produktion sowie der Transport des fertigen Tanks zum OEM aufgezeigt. Die Prozessabläufe werden aufgrund der Übersichtlichkeit in einer ereignisgesteuerten Prozesskette (EPK) dargestellt. Diese Basis EPK-Modelle sollen unter anderem auch dabei helfen, in dem darauffolgenden Abschnitt die punktuelle Implementierung der Blockchain klar und einfach sichtbar zu machen. Die Legende dafür ist in Abb. 3.1 zu sehen.

3.1.1 Supply Chain-Prozesse ohne Blockchain

Beschaffungslogistik ohne BC
Die Bestellung über den Auslöser des Meldebestandes erfolgt über das ERP-System, welches – manuell vom Lagerlogistiker eingetragen – die Anzahl produzierter Tanks erhält. Das System zieht anschließend entsprechend und automatisch alle Komponenten ab, die benötigt wurden und zeigt dann an, wann und ob ein Einzelteil wieder benötigt wird. Die Bestellung selbst ist ebenfalls ein manueller Vorgang, der mittels eines digitalen Bestellscheins an den Lieferanten geht. Wenn der Lieferant dann den Transportauftrag an die Spedition weitergibt, kann er seinerseits die Bestellung an Cisternia inkl. voraussichtlichem Lieferdatum avisieren, um ihnen möglichst hohe Planungssicherheit zu verschaffen (vgl. Abb. 3.2).

Die geprüfte Bestellung am Wareneingang bei Cisternia wird dann manuell im ERP-System bestätigt und die bestellten Komponenten automatisch auf den Lagerbestand kumuliert. Der Rechnungseingang im Einkauf erfolgt nach einer positiven Sichtprüfung im Lager und wird innerhalb von vier Wochen von der Buchhaltung über die Bank beglichen (vgl. Abb. 3.3).

3.1 Die Supply Chain von Cisternia Automotive

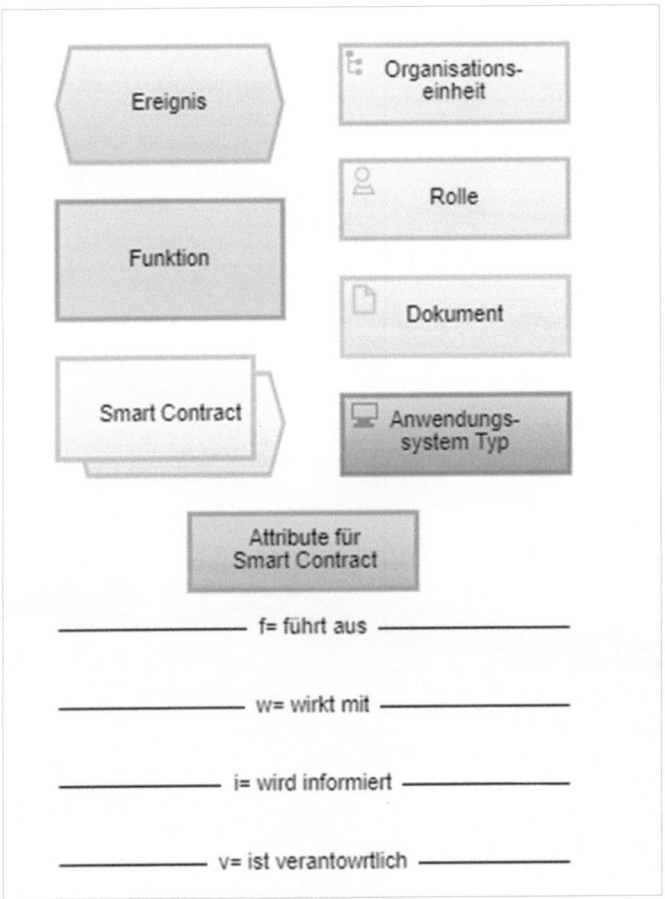

Abb. 3.1 EPK Legende

Problemfaktoren an diesem Bestellablauf liegen insbesondere in den manuellen Abwicklungsvorgängen. So führt beispielsweise die manuelle Weitergabe der produzierten Tanks dazu, dass ggf. falsche Bestände im System hinterlegt werden, da z. B. defekte Teile oder Komponenten nicht berücksichtigt werden. Darüber hinaus besteht ein großes Fehlerrisiko durch das manuelle Gegenprüfen und Zählen der Bestände in der Produktion und an der

3 Die Implementierung der Blockchain in die Automotive Supply Chain

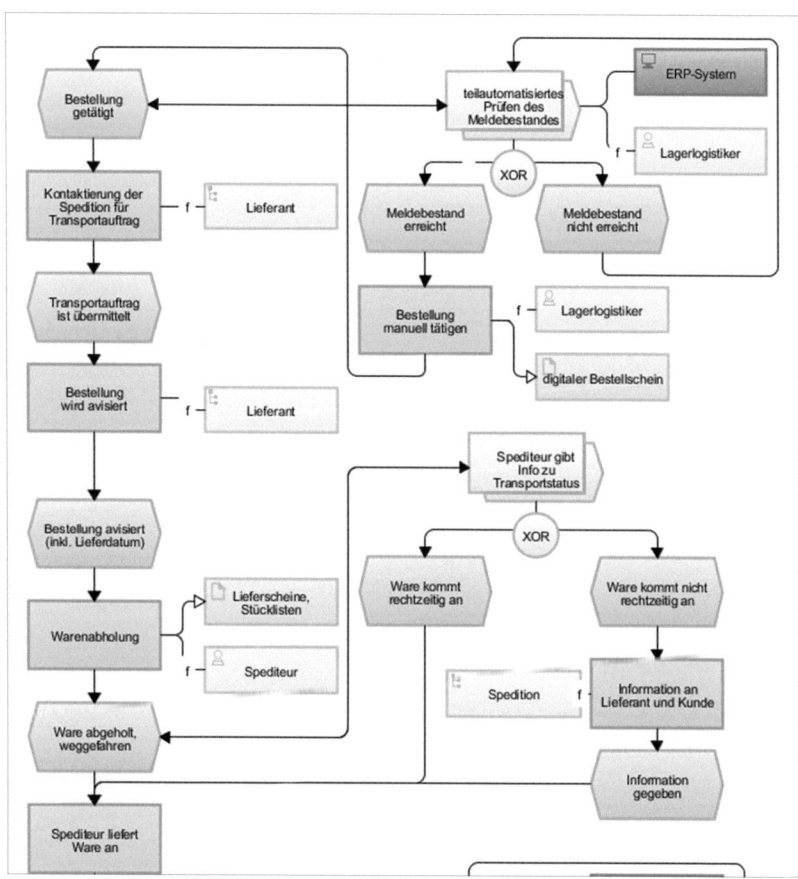

Abb. 3.2 EPK Beschaffungslogistik ohne BC Teil eins

Wareneingangskontrolle. Des Weiteren kommt es häufiger vor, dass Zahlungsaufträge nicht fristgerecht beim Lieferanten eingehen, da entweder Fehler bei der Überweisung gemacht wurden oder die Bank die Gutschrift nicht vergeben hat. So erhält Cisternia regelmäßig Mahnbescheide vom Lieferanten und säht dadurch Misstrauen in der Geschäftsbeziehung mit dem wichtigen Systemlieferanten.

3.1 Die Supply Chain von Cisternia Automotive

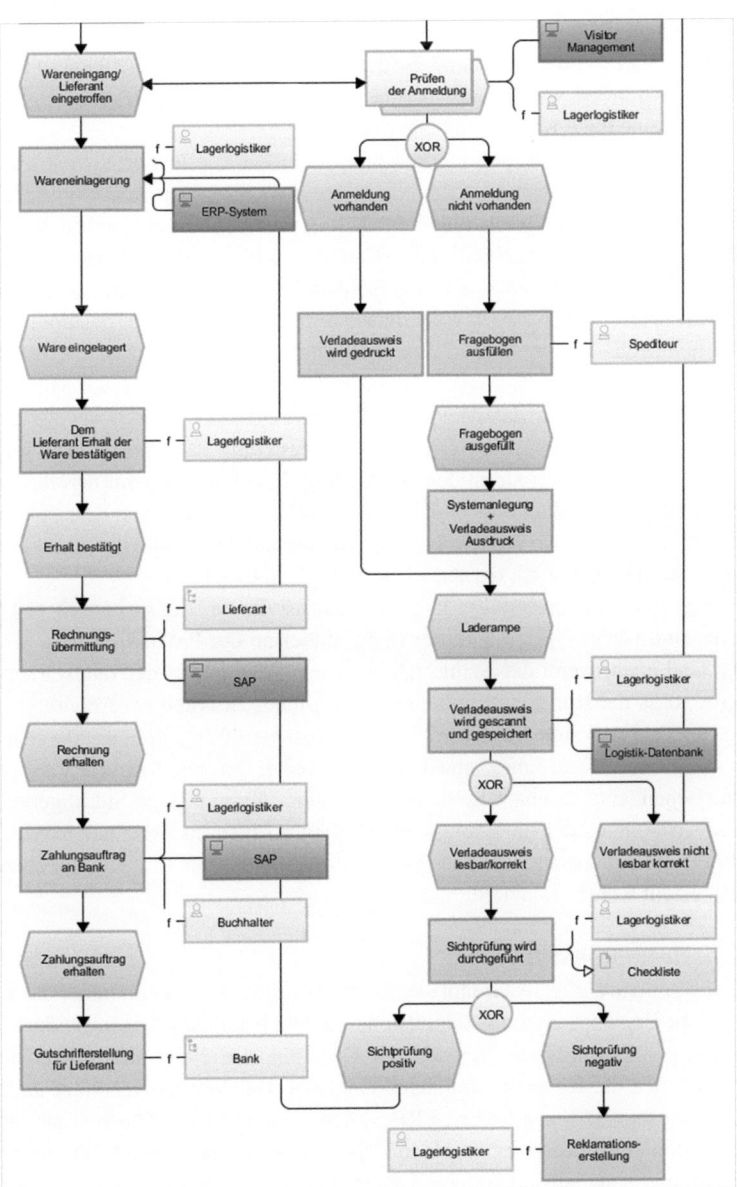

Abb. 3.3 EPK Beschaffungslogistik ohne BC Teil zwei

Produktionslogistik ohne BC

Innerhalb des Produktionsablaufs wird in der Regel auf eine Kanbanproduktion zurückgegriffen. So werden eine permanente und flüssige Bereitstellung gewährleistet und eine hohe Kapitalbindung verhindert.

Die Produktionsstückzahl, die vorab bestimmt wird, orientiert sich sowohl an eigenen Prognosen als auch an der Nachfrage des OEM. Der Produktionsprozess beginnt dann mit dem Bereitstellen der Kisten durch den Gabelstaplerfahrer. Die Tankmodule werden in einem zwei-Karten Kanban-System produziert, d. h., es wird dafür gesorgt, dass auf den Rollbändern zu jederzeit mindestens eine (optimalerweise sogar zwei) volle Kiste à sechs Tankmodule positioniert ist. Wenn nun sechs Tankmodule in das Gehäuse eingebaut und im nächsten Schritt auf Funktionalität geprüft werden (nicht im EPK enthalten), gibt der Mitarbeiter dem Gabelstaplerfahrer das Meldesignal. Der Gabelstaplerfahrer, der zusätzlich auch für die Verräumung der fertigen Tanks zuständig ist, nimmt die physische Kanban-Karte und fährt sie in den Modulshop. Im Modulshop werden die Tankmodule von den Technikern kalibriert und einbaufertig in einer Kiste platziert. Die fertige Kiste wird vom Gabelstaplerfahrer an der Produktionslinie bereitgestellt und damit schließt der Kreislauf ab (vgl. Abb. 3.4).

Das Problem bei diesem Produktionsablauf ist der verbale Austausch von Mitarbeiter und Gabelstaplerfahrer, der nicht immer an der Produktionslinie umherfährt. Und auch, wenn der Staplerfahrer in der Nähe ist, ist der Lautstärkepegel so groß, dass der Ruf des Mitarbeiters nicht immer zu hören ist. Anderseits ist auch der Fahrweg zum Modulshop des Gabelstaplerfahrers unnötig, da er lediglich dafür extra Wege fahren muss. Die Probleme, die innerhalb der Produktion vorherrschen, sind demnach zeitlicher Natur und führen u. a. zu Störungen in der Warenverräumung, der Entladung von gelieferten Teilen im Wareneingang und im schlimmsten Fall zu kurzzeitigen Produktionsstopps, wenn Teile nicht rechtzeitig bereitgestellt werden konnten.

Vertriebslogistik ohne BC

Da der Rahmenvertrag als Grundlage für den Vertriebsprozess gilt, bildet das EPK-Modell zu Beginn diesen als Schnittstelle ab. Die beteiligten Organisationen sind neben dem OEM auch der Vertrieb von Cisternia. Auf Basis dieses Rahmenvertrages können die Kundenbestellungen eingehen. Der Vertrieb verwaltet und verbucht diese in einem klassischen ERP-System. Nachdem die Kundenbestellungen eingetroffen sind, bedarf es im Vertriebsprozess zum einen einer Verfügbarkeitsprüfung und –aktualisierung des Lagerbestandes durch die Lagerlogistik und zum anderen auch einer standardmäßigen Aktualisierung bzw. Überprüfung der Grunddaten. Sollten die Tankmodule im Rahmen der Verfügbarkeitsprüfung nicht

3.1 Die Supply Chain von Cisternia Automotive

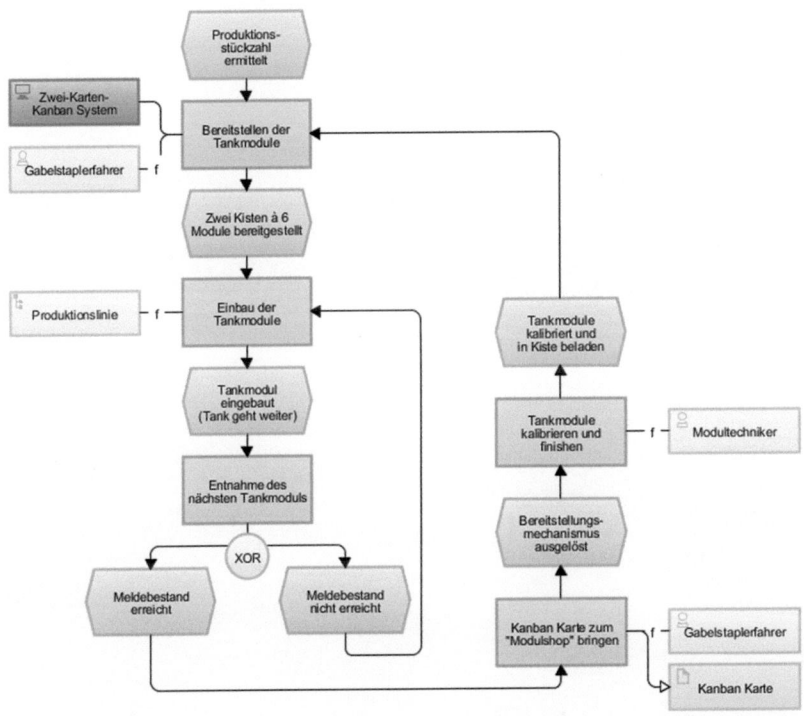

Abb. 3.4 EPK Produktionslogistik ohne BC

vorhanden sein, muss durch die Vertriebsabteilung zwingend ein Produktionsauftrag angelegt werden (im EPK-Modell als Schnittstelle aufgezeigt). Gleichzeitig erfolgt eine Lieferverzugsmeldung an den Kunden. Beim Vorhandensein aller notwendigen und bestellten Tankmodule kann eine schriftliche Auftragsbestätigung und die Reservierung der Teile erfolgen (vgl. Abb. 3.5).

Im Anschluss erfolgt die klassische Artikelauslagerung, -bereitstellung und Buchung im ERP-System. Nachdem die Bereitstellung der Artikel durchgeführt wurde, werden die Artikel einer klassischen Qualitätsprüfung, die bei der Feststellung einer nicht ausreichenden Qualität die fehlerhaften Teile bis zu einem gewissen Grad nachbearbeiten kann, unterzogen. Stark fehlerhafte Teile werden der Entsorgung zugeführt und es wird eine erneute Reservierung ausgelöst. Bei ausreichender Qualität erfolgt die Bereitstellung der Transportressourcen und die Erstellung von Versandpapieren (Lieferschein) (vgl. Abb. 3.6).

22 3 Die Implementierung der Blockchain in die Automotive Supply Chain

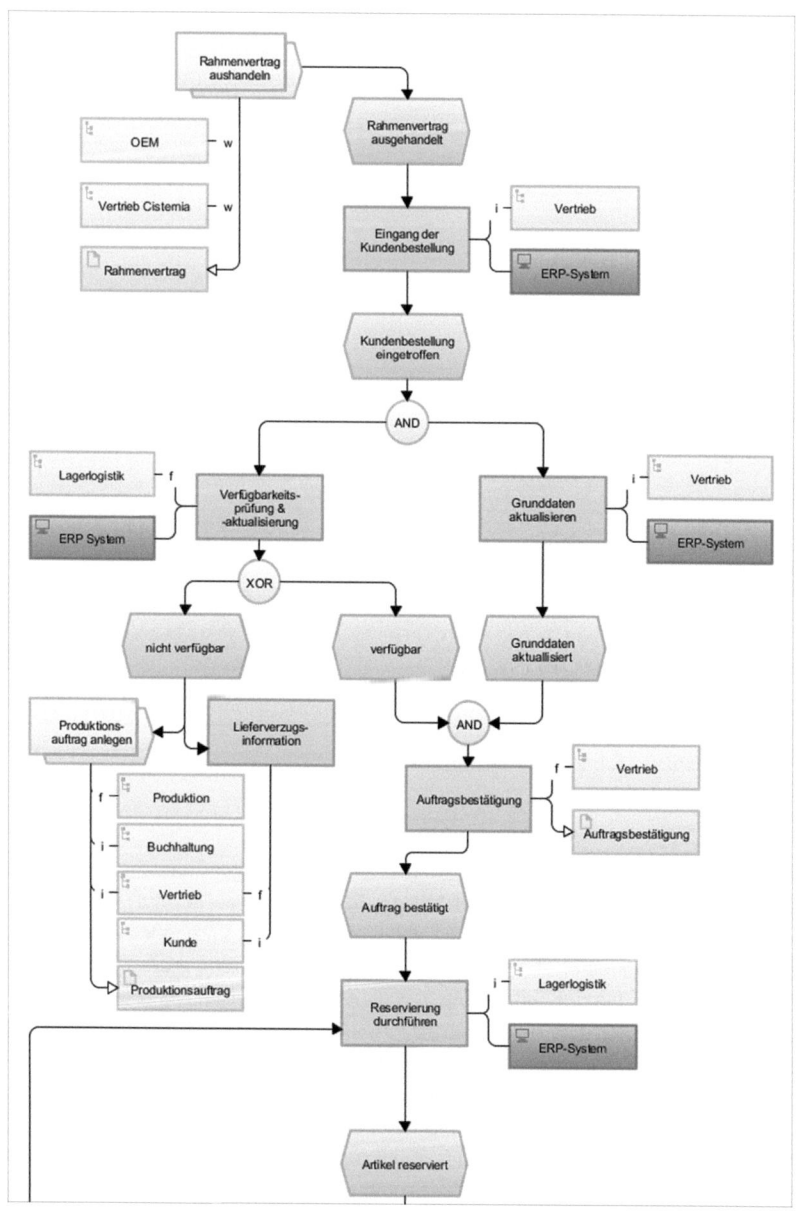

Abb. 3.5 EPK Vertriebslogistik ohne BC Teil eins

3.1 Die Supply Chain von Cisternia Automotive

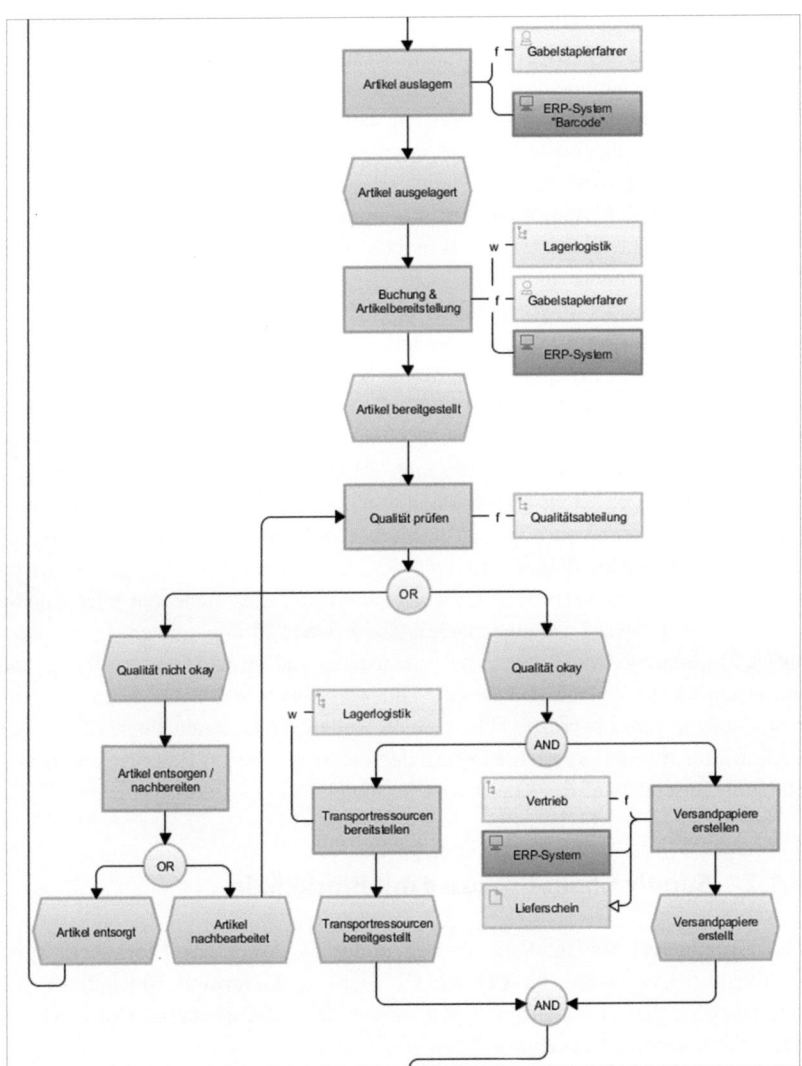

Abb. 3.6 EPK Vertriebslogistik ohne BC Teil zwei

Nach Abschluss beider Aufgaben kann der Vertrieb die Lieferavisierung durchführen und den Kunden die voraussichtlich geschätzte Lieferuhrzeit mitteilen. Im Anschluss erfolgt dann die Lieferung durch eine Spedition und die parallele Rechnungsstellung und Verbuchung durch die Buchhaltung. Diese parallele Bearbeitung wird durch den Rahmenvertrag ermöglicht, indem ein gewisses Lieferkontingent preislich festgeschrieben und abgestimmt wurde. Nachdem die Lieferung beim Kunden eintrifft, führt das Bankinstitut des Kunden die Gutschrift aus und der vereinfacht dargestellte Vertriebsablauf ist abgeschlossen (vgl. Abb. 3.7).

Das EPK-Modell zeigt detailliert die einzelnen Prozessschritte im Vertriebsablauf und deckt gleichzeitig zahlreiche Probleme und Herausforderungen auf. An diesen könnte die Blockchain mittels Smart Contracts ansetzen und eine Optimierung der Prozesskette ermöglichen. Als Problemzonen lassen sich bspw. die komplizierte Artikelbereitstellung herausstellen. Viele kleine nacheinander ablaufende Prozessschritte führen bereits zu Beginn des Vertriebsablaufs zu einem enormen Zeitaufwand und einer erhöhten Fehleranfälligkeit. Des Weiteren fehlt die Lieferungsverfolgung gänzlich. Der Kunde erhält momentan ausschließlich geschätzte Ankunftszeiten seiner bestellten Lieferungen. Zudem erhält er bei einer „Nicht-Lieferbarkeit" seiner bestellten Waren lediglich eine Lieferverzugsinformation. Im EPK-Modell ist erkennbar, dass zahlreiche Prozessschritte analog dokumentiert werden. So sind beispielsweise die Auftragsbestätigung und der Lieferschein zwei Dokumente, die momentan noch analog vorliegen. Bei Bedarf ist eine nachträgliche Überprüfung mit enormem Zeitaufwand verbunden und setzt eine organisierte und strukturierte Ordnung und Sortierung in der Ablage voraus. Am Ende des Vertriebsablaufes gibt es in dem momentanen Vertriebsprozessablauf einen weiteren beteiligten Intermediär. Das Bankinstitut transferiert nach Eingang der Lieferung die im Rahmenvertrag vereinbarte Gutschrift auf das Konto der Citernia GmbH.

3.1.2 Supply Chain-Prozesse mit Blockchain

Das Grundgerüst der Implementierung bildet die Wahl des Blockchain-Typs. Hierbei werden sowohl die **Private** als auch die **Federated Blockchain** verwendet. Über diese Blockchain-Typen werden dann sowohl **Smart Contracts** als auch damit verbunden **DApps** Verwendung finden.

Anders als in einer Public Blockchain, in der jeder uneingeschränkt als Node fungieren und damit Transaktionen versenden und empfangen kann, wird die *Private Blockchain* in der Regel von einer zentralen Person oder Organisation gesteuert. Darüber hinaus kann die zentrale Einheit bestimmen, wer Zugang zu der Blockchain bzw. zu bestimmten Daten enthält und wer welche Aktionen ausführen darf. Obwohl dadurch der Aspekt der Dezentralität verloren geht, bleibt

3.1 Die Supply Chain von Cisternia Automotive

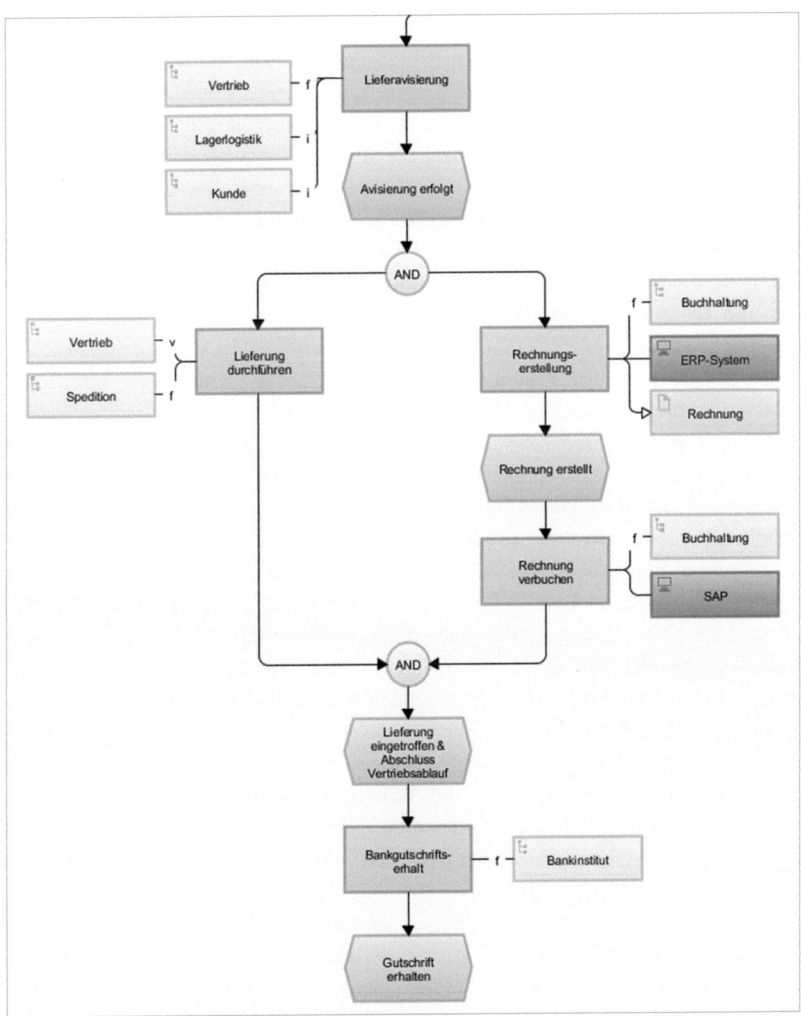

Abb. 3.7 EPK Vertriebslogistik ohne BC Teil drei

die Private Blockchain dennoch eine Blockchain, da die Daten immer noch kryptografisch verschlüsselt werden. Ein Konsensverfahren ist in Form eines PoW oder PoS allerdings nicht mehr notwendig, um die Transaktionen zu verifizieren. Die Private Blockchain eignet sich daher für unternehmensinterne

Prozesse, in denen nicht das Vertrauen im Vordergrund steht, sondern vielmehr die schnelle und effiziente Abwicklungsmöglichkeit (Vgl. Schiller, 2018).

Die *Federated* oder *Konsortium Blockchain* ist eine Erweiterung der Private Blockchain und beinhaltet nicht mehr nur eine zentrale Einheit, sondern mehrere Personen bzw. Unternehmen, die für das Netzwerk verantwortlich sind. So würden beispielsweise bei einem Konsortium von drei Unternehmen die Regularien so gewählt sein, dass zwei dieser drei Unternehmen mehrheitlich für die Validierung einer Transaktion stimmen müssen, um diese gültig zu machen. Damit verhindert man die Ineffizienz durch das Warten auf eine zentrale Einheit und schafft automatisch ein vertrauensloses System. Anwendung findet die Federated Blockchain bei unternehmensübergreifenden Angelegenheiten, bei denen trotzdem sensible Daten in Umlauf geraten, die für die freie Gesellschaft nicht zugänglich sein dürfen (Datenschutz) (Vgl. Schiller, 2018).

Smart Contracts sind selbstausführende Verträge, bei denen die Bedingungen der Vereinbarung zwischen Käufer und Verkäufer direkt in Codezeilen geschrieben werden. Der Code inkl. der darin beinhalteten Vereinbarungen besteht über ein verteiltes, dezentrales Blockchain-Netzwerk. Smart Contracts ermöglichen also die Durchführung vertrauenswürdiger Transaktionen und Vereinbarungen zwischen verschiedenen anonymen Parteien, ohne die Notwendigkeit einer zentralen Behörde, eines Rechtssystems oder eines externen Durchsetzungsmechanismus. Die Smart Contracts machen alle Transaktionen einfach nachvollziehbar, transparent und irreversibel. Einfach ausgedrückt enthalten sie Wenn-Dann-Regeln. Wenn eine im Vertrag festgelegte Bedingung erfüllt wird, dann führt das automatisch zur Ausführung des Resultats. Das heißt, dass festgelegte Aktivitäten, um die Willensbekundung des Vertrages zu verwirklichen, automatisch ausgeführt werden, wenn ein gefordertes Ereignis eintritt. Simultan werden alle Vertragspartner in Echtzeit über Statusänderungen informiert (Vgl. Schiller, 2018).

Um diese Information auch einfach und übersichtlich darzustellen, werden *sog.* DApps verwendet. Die DApp ist eine dezentral gesteuerte App (außer bei der Private Blockchain), bei der verschiedene Kriterien erfüllt werden müssen. Sie muss zum einen über eine eigene Blockchain verfügen (Open Source), zum anderen muss sie kryptografisch verschlüsselte Token anbieten und sie über einen Mechanismus selbst erzeugen können. Die DApp wird zur Darstellung, Übersicht und Erstellung von Smart Contracts genutzt. Dabei hat die DApp neben den Push oder Alert Notification auch eine Auflistung der Smart Contract Historie. Zusätzlich lassen sich über die DApp neue Smart Contracts benutzerfreundlich erstellen (Vgl. Schiller, 2018).

Beschaffungslogistik mit BC

Der grundsätzlichen Wichtigkeit geschuldet, müssen bei der Implementierung einer unternehmensübergreifenden und dezentralen Datenspeicherung Geschäftsdaten diskret behandelt werden. Sensitive Daten wie Preise und Mengen würden auf einer Public Blockchain durch Blockexplorer für jeden – auch für Konkurrenten – einsehbar sein. Dies wäre für Transaktionen bzw. Nachrichten der Fall, z. B. Rechnungen bzw. Bestellungen, welche über Public Blockchains verschickt werden würden. Das Gleiche gilt für Geschäftsbeziehungen zwischen Lieferanten und Kunden. Da diese über Smart Contracts dezentral auf allen Nodes der Public Blockchain gespeichert werden würden, wären diese zwar pseudo-anonym, d. h., dass nur Adressen der Nodes zu sehen wären und nicht der Name von natürlichen oder juristischen Personen. Allerdings ist es möglich, Identitäten durch die Rückverfolgung von Transaktionen aufzudecken.

Wie eingangs beschrieben, werden in dem vorliegenden Fall wie bei den Geschäftsaktivitäten zunächst sinnvolle Verknüpfungspunkte lokalisiert: Lieferant, Spediteur und Kunde. Dabei ergeben sich die Federated Blockchain 1 zwischen dem Lieferanten und dem Kunden (Cisternia) und die Federated Blockchain 2 zwischen dem Lieferanten, der Spedition und Cisternia. Diese sind im EPK-Modell veranschaulicht. Es ist wichtig festzuhalten, dass bei der Implementierung der Blockchain, jeder Geschäftspartner einen Node auf einer Blockchain repräsentiert und dass es Schnittstellen zu den ERP-Systemen der drei Geschäftspartner gibt. Die Smart Contracts verfügen somit über selektierte Daten der ERP-Systeme und führen Entscheidungen auf Basis von Bedingungen aus, auf die sich die Parteien im Vorfeld geeinigt haben. Ein weiterer wichtiger Punkt ist, dass die Akteure in Form einer dezentralen Applikation (DApp) auf die Blockchain-Technologie zugreifen. Es ist der Benutzerfreundlichkeit geschuldet, dass der Anwender in vorgefertigten Masken Benachrichtigungen empfängt, z. B. hinsichtlich des Dokumentenmanagements von Bestellungen, aber auch auf Informationen zugreifen kann, die auf der jeweiligen Blockchain gespeichert wurden.

Der Beschaffungsprozess unterscheidet sich durch zwei Ereignisse: „Meldebestand erreicht" oder „Meldebestand nicht erreicht". Diese Unterscheidung wird vom Smart Contract 1 (SmC1) kontrolliert, indem der disponible Lagerbestand, d. h. der physische Lagerbestand plus die bereits bestellte Menge, mit dem aktuellen Meldebestand verglichen wird. Unterschreitet der disponible Lagerbestand den aktuellen Meldebestand, wird SmC1 eine Bestellung auslösen. SmC1 wird auf der Private Blockchain mit dem entsprechenden Lieferanten für das zu bestellende Kunststoffgehäuse initiiert und der beteiligte Lieferant muss dem Konsens zustimmen, damit die Transaktion gültig wird. Optimiert werden kann der Prozess, indem der SmC1 auch über Einsicht in den Lagerbestand des Lieferanten verfügt. So kann dieser den Lieferanten wiederum informieren, wenn sein Meldebestand unterschritten werden sollte. Der Lieferant könnte die Benachrichtigung von SmC1 durch andere Smart Contracts auf anderen Private Blockchains mit seinen Lieferanten quasi in Echtzeit teilen und so auf Stücklistenebene automatisiert beschaffen. Wenn SmC1 eine Bestellung auslöst, benachrichtigt dieser SmC2, welcher den Transportauftrag auf der Federated Blockchain initiiert. Damit diese Transaktion ausgeführt werden kann, müssen der Lieferant, der Spediteur und der Kunde bei dem Konsens-Verfahren zustimmen. In diesem Fall sind alle drei involvierten Parteien ebenfalls informiert. SmC2 benachrichtigt SmC3, nachdem der Transportauftrag validiert wurde (vgl. Abb. 3.8).

Daraufhin avisiert der vom Spediteur bereits kontrollierte SmC3 durch hinterlegte Lieferdaten den voraussichtlichen Lieferzeitpunkt. Sobald der Transportauftrag avisiert wurde, werden die Lieferdaten an SmC4 übermittelt. Dieser Smart Contract ist an das GPS-System des zuständigen LKW des Spediteurs geknüpft und benachrichtigt den Lieferanten und den Kunden mit einer korrigierten Avisierung über rechtzeitige (oder nicht) Lieferung (vgl. Abb. 3.9).

Nachdem im Wareneingang eine positive Sichtprüfung durch einen Lagerlogistiker erfolgt ist, wird die Wareneinlagerung im ERP-System von Cisternia verbucht. SmC5 bezieht daraufin die Daten aus dem ERP-System und leitet die hinterlegten Bezahlmodalitäten ein. Bei diesem Vorhaben wird ersichtlich, dass Transaktionen zum Bezahlen der Ware nicht über eine Bank abgewickelt werden, sondern über die Prüfinstanzen als eine Abfolge der vorgestellten Smart Contracts. Dabei wird die vorgestellte DApp zu einem neutralen Vermittler (vgl. Abb. 3.10).

Produktionslogistik mit BC
Bei der Implementierung der Blockchain in die Kanban-Produktion ändert sich schematisch gesehen nicht sehr viel, jedoch haben die kleinen Änderungen eine große Wirkung auf die Effizienz und die Automatisierung des Produktionsprozesses. Als Voraussetzung für die Implementierung der Blockchain gilt es, die physische Kanban-Karte durch eine digitalisierte Karte zu ersetzen, um den ersten Schritt Richtung Digitalisierung zu machen. Der physische Produktionsablauf bis zur Entnahme eines neuen Tankmoduls bleibt unverändert. Anschließend findet die erste und einzige Implementierung eines Smart Contracts statt. Der Smart Contract läuft hier, da dieser Kanban-Ablauf rein interner Natur ist, über die Private Blockchain ab. Die Teilnehmer sind in diesem Fall lediglich die Produktion, die Modultechnik und die Produktionsleitung zum Überwachen.

3.1 Die Supply Chain von Cisternia Automotive

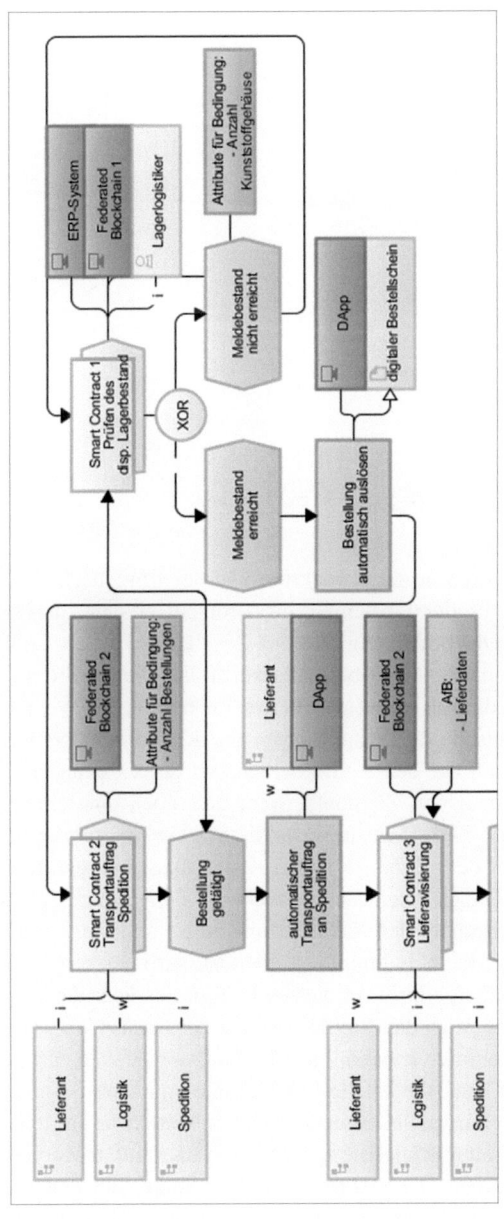

Abb. 3.8 EPK Beschaffungslogistik mit BC Teil eins

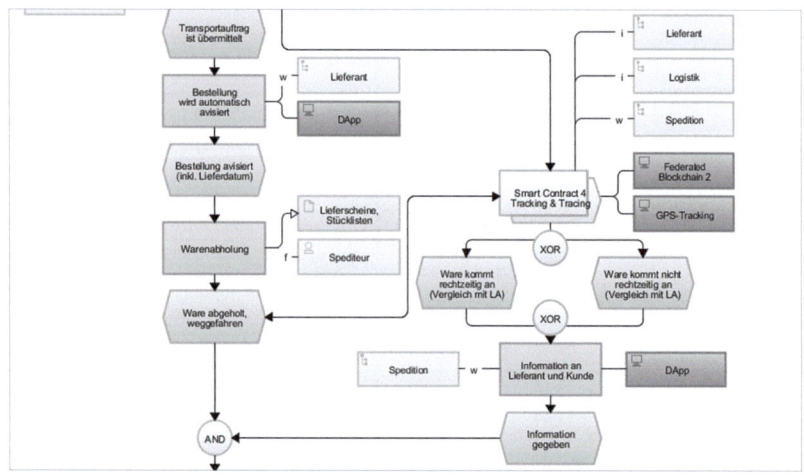

Abb. 3.9 EPK Beschaffungslogistik mit BC Teil zwei

Die Transaktion wird von der Produktion und der Modultechnik validiert, kann jedoch, wenn die Produktionsleitung ein Problem erkennt, durch diese vorher revidiert werden. Die Bedingung, die das Resultat des Smart Contracts auslöst, ist dann erfüllt, wenn der Meldebestand erreicht ist. Dieser wird mittels Sensoren ermittelt, weshalb die Attribute Gewicht des Tankmoduls, Gewicht der Kiste und, zur Sicherheitskontrolle, auch die Längen der Kisten definiert werden müssen. Der Lastsensor kann auf den Rollförderbändern das Gesamtgewicht der Kisten ermitteln und erkennt den Zeitpunkt, wenn nur noch eine einzige volle Kiste auf dem Band liegt. Sicherheitshalber wird auch ein Sensorlaser angebracht, der die Längen der auf dem Band liegenden Kisten misst und ein Signal gibt, wenn die Länge von nur noch einer Kiste erreicht ist. Durch diese Doppelsensorik ist eine genaue Aussage über den Meldebestand zu treffen. Wenn der Meldebestand gleich beim ersten Mal nicht erreicht worden ist, wird der Vorgang so oft wiederholt, bis dieser endlich eintritt. In diesem Fall gibt es über die DApp-Oberfläche eine Alert Notification an den Modulshop und der Smart Contract ist erfüllt. Die Modultechniker kalibrieren daraufhin die Tankmodule und übergeben sie dem Gabelstaplerfahrer zum Bereitstellen an die Linie (vgl. Abb. 3.11).

Die durch die Implementierung der Smart Contracts entstehenden Vorteile liegen vor allem in der schnelleren, saubereren und automatisierten Abwicklung des Kanban-Prozesses. Der Gabelstaplerfahrer spart sich den kontrollierenden Weg zur Produktionslinie und hat dadurch mehr Zeit für seine Tätigkeiten, wie

3.1 Die Supply Chain von Cisternia Automotive

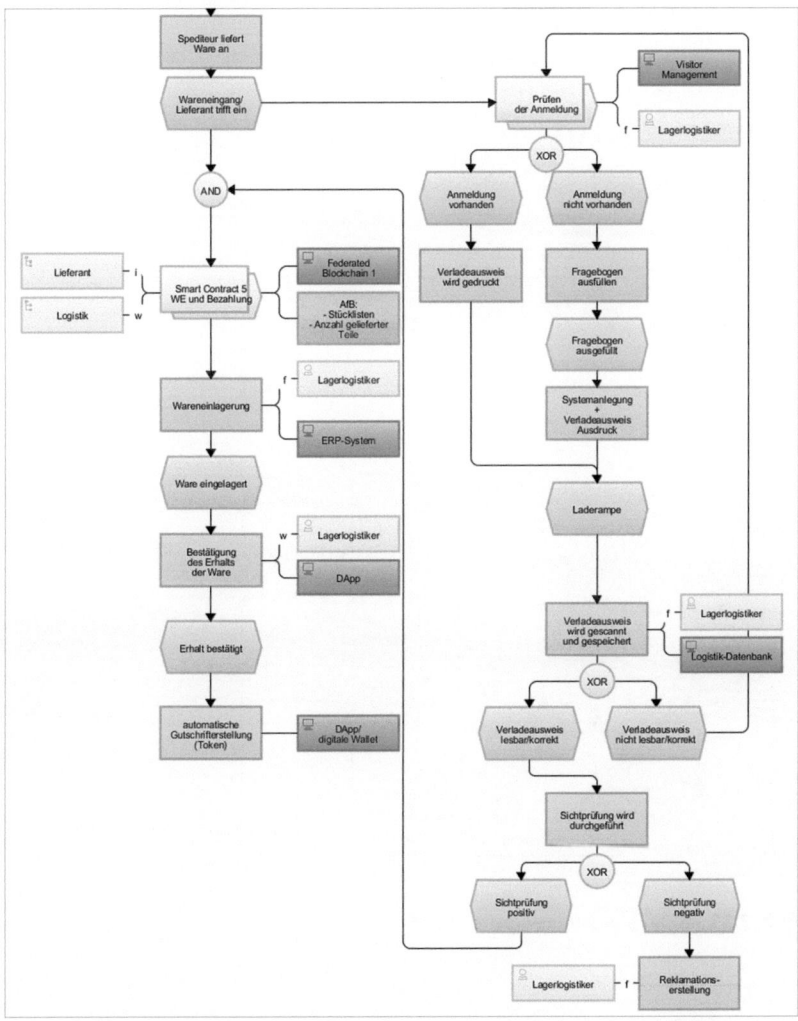

Abb. 3.10 EPK Beschaffungslogistik mit BC Teil drei

die Warenein- oder -auslagerung oder die Warenverräumung. Dadurch fällt dieser Zeitfaktor weg und die Bestellung im Shop erfolgt direkt an der Produktionslinie unmittelbar nach Bedarf. Ebenso werden Humankommunikationen auf ein Minimum reduziert, sodass das Fehlerpotenzial verringert wird. Außerdem

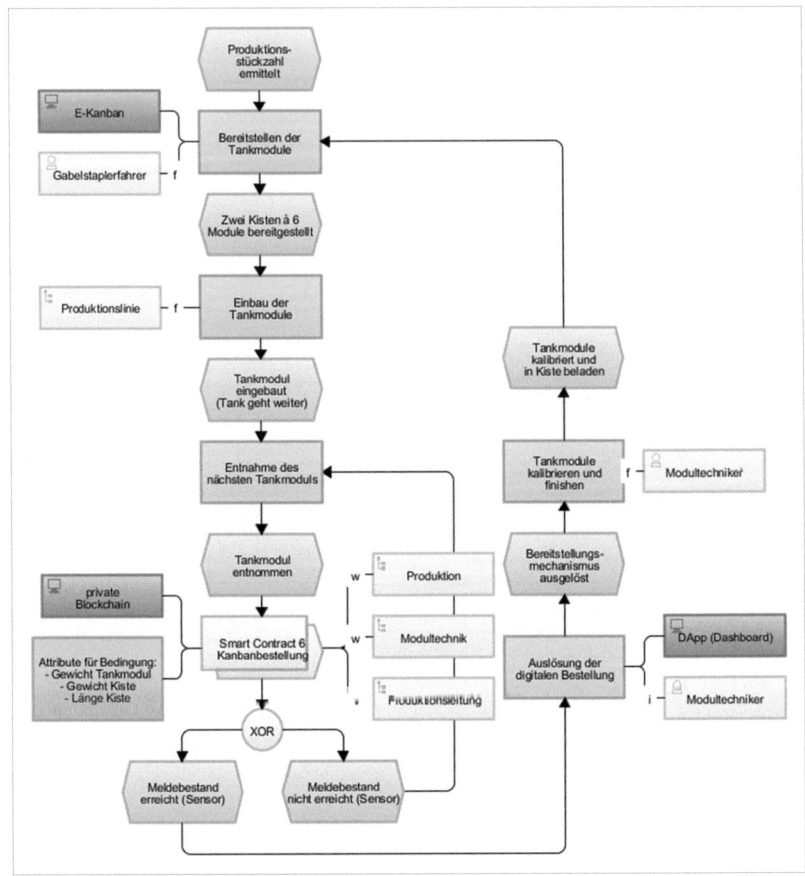

Abb. 3.11 EPK Produktionslogistik mit BC

werden durch die digitale Erfassung der Bestellung Daten geliefert, die bei Analysen oder Prognosen hilfreich sein könnten, wie z. B. bei der DLZ oder der Taktzeit der Produktion.

Vertriebslogistik mit BC
Bei der Implementierung der Blockchain in den Vertriebsprozess treten zahlreiche Änderungen entlang der Prozesskette auf. Diese Änderungen bewirken gerade in den Bereichen Effizienz des Prozesses, Automatisierungsgrad sowie Transparenz

3.1 Die Supply Chain von Cisternia Automotive

eine deutliche Steigerung. Die Voraussetzung hierfür ist wie bei der Kanban-Produktion der Schritt in Richtung Digitalisierung, d. h., alle vorher in Papierform vorhandenen Dokumente liegen nun digital vor. Die Grundvoraussetzung für den aufgezeigten Vertriebsprozess (der benötigte Rahmenvertrag) bleibt unverändert. Lediglich das Dokument selber liegt nun digitalisiert vor. Nachdem der Rahmenvertrag ausgehandelt wurde, findet die erste Implementierung innerhalb des Vertriebsprozesses mittels eines Smart Contracts statt. Der Smart Contract „Kundenbestellung" (SmC7) läuft hier über eine Federated Blockchain, da neben der Vertriebsabteilung zusätzlich der OEM und das Lager beteiligt sind. Die Bedingung für das Auslösen des Smart Contracts ist der eingegangene Kundenauftrag mit den vollständig vorliegenden Kundenbestelldaten. Nachdem SmC7 ausgelöst und in diesem Zuge die Grunddaten im ERP-System aktualisiert wurden, erfolgt parallel in einem weiteren Smart Contract die Verfügbarkeitsprüfung & -aktualisierung (SmC8). Die Auslösung erfolgt nach dem Eintreffen der Kundenbestellung, sodass für die Attribute ‚Anzahl der fertigen Tanks' automatisch geprüft werden kann, ob die bestellten Teile im Lager verfügbar sind. Die Basis des SmC8 beruht auf einer Private Blockchain, da lediglich der Austausch über die internen Kanäle vom Vertrieb zum Lager und nach Bedarf zur Produktion verläuft. Bei der Nicht-Verfügbarkeit wird automatisch ein Produktionsauftrag angelegt, indem die Produktion mitwirkt und die Buchhaltung sowie der Vertrieb informiert werden. Gleichzeitig erfolgt eine automatische Lieferverzugsinformation, welche dem OEM und dem Vertrieb informativ zugehen. Diese Mitteilungen laufen über eine Push-Notification' durch die DApp. Sollten alle benötigten Teile verfügbar und die Grunddaten aktualisiert sein, erfolgt im Rahmen des SmC7 eine automatische Auftragsbestätigung, welche über eine DApp dem OEM und Vertrieb informativ übersandt wird (vgl. Abb. 3.12).

Nach der Bestätigung erfolgen eine automatische Reservierung der Tanks und die Mitteilung an den Gabelstaplerfahrer, die benötigten Artikel auszulagern. Die Auslagerung erfolgt weiterhin mittels des ERP-Systems und der Barcode-Technologie. Hier sehen die Autoren bei erfolgreicher Implementierung weiteres Optimierungspotenzial, indem die Auslagerung ebenfalls mittels einer DApp und der RFID-Technologie vollzogen wird. Im Anschluss an die Auslagerung geschieht eine automatische Buchung und Artikelbereitstellung durch den Gabelstaplerfahrer und der Hinterlegung im ERP-System. Die bereitgestellten Artikel führen zum nächsten Smart Contract ‚Qualität prüfen' (SmC9). Dieser Smart Contract bedarf einer Federated Blockchain, da neben den internen Abteilungen Vertrieb, Qualität und Lager auch der OEM Informationen erhält. Zur Durchführung des Smart Contracts müssen die Attribute ‚Anzahl von fehlerhaften,

34   3 Die Implementierung der Blockchain in die Automotive Supply Chain

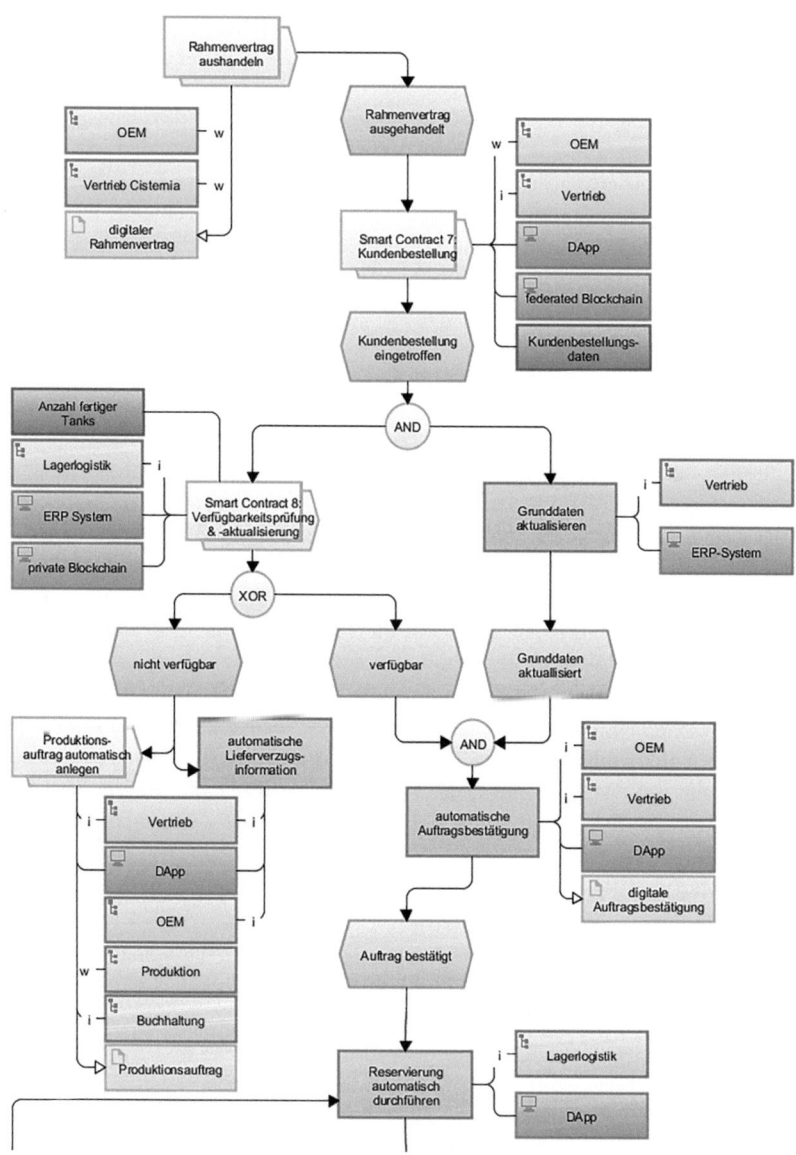

Abb. 3.12 EPK Vertriebslogistik mit BC Teil eins

3.1 Die Supply Chain von Cisternia Automotive

nachbearbeiteten und fehlerfreien Teile' definiert sein. Wenn die Qualität nicht ausreichend ist, dann können die Tanks entsorgt oder nachbearbeitet werden. Bei Entsorgung erfolgt eine neue automatische Reservierung im Lager und bei der Nacharbeitung eine automatische neue Qualitätsüberprüfung. Wenn die Qualität stimmt, können über die DApp parallel Transportressourcen bereitgestellt und Versandpapiere erstellt werden. Die bereitgestellten Transportressourcen sowie die Versandpapiere bilden für einen weiteren Smart Contract, die ‚Lieferaversierung' (SmC10), die Grundbedingungen. In diesem sind Vertrieb, Lager und OEM involviert, sodass hier ebenfalls eine Federated Blockchain Anwendung findet. Als notwendige Attribute gelten die Lieferdaten (vgl. Abb. 3.13).

Der SmC10 steht im Austausch mit dem SmC11 ‚Tracking und Tracing', welcher über den gleichen Blockchain-Typ läuft. Die Ware wird indirekt mit GPS automatisch und kontinuierlich getrackt, sodass sowohl bei dem rechtzeitigen Eintreffen als auch bei Verspätung eine Information an den Lieferanten und den OEM mittels einer DApp erfolgen kann. Nach erfolgter Informationsmitteilung kann die Lieferungsdurchführung erfolgen. Parallel zum SmC11 wird im SmC10 die Bestellung automatisch unter Mitwirkung der Spedition avisiert. Der OEM wird darüber jederzeit in Kenntnis gesetzt. Die erfolgte Avisierung bildet die Grundlage für den daran anschließenden Smart Contract ‚Rechnungserstellung' (SmC12). Dafür müssen die Attribute ‚Rahmenvertag und Kundenbestelldaten' vorliegen. Eine Federated Blockchain wird auch für diesen Smart Contract gewählt, da neben der internen Buchhaltungsabteilung auch der OEM in Kenntnis gesetzt wird. Nach der erfolgreichen Avisierung erfolgt die Lieferdurchführung, bei der sowohl der OEM, der Vertrieb als auch die durchführende Spedition involviert ist. Die erforderlichen Daten für die Lieferdurchführung liegen als digitaler Lieferschein vor. Parallel dazu erfolgt über eine DApp als Push-Notification eine automatische Rechnungserstellung mit der gleichzeitigen Ausgabe einer digitalen Rechnung und der Information an die Buchhaltung sowie den OEM (vgl. Abb. 3.14).

Das Eintreffen der Lieferung und die erstellte Rechnung bilden für den letzten Smart Contract ‚Rechnungsverbuchung' (SmC13) die notwendigen Bedingungen. Die Rechnungsdaten bilden dafür das Attribut. Im Rahmen des SmC13 erfolgen eine automatische Rechnungsverbuchung und ein gleichzeitiger Gutschrifterhalt in Form von Token. Ausschließlich der OEM und die interne Buchhaltung der Firma Cisternia erhalten eine Information über die erfolgte Transaktion. Da die Transaktion über eine Federated Blockchain läuft und ein digitales Wallet Anwendung findet, bedarf es keinerlei zusätzlichen Intermediär, wie beispielsweise das Bankinstitut im klassischen EPK-Modell des Vertriebsprozesses (vgl. Abb. 3.15).

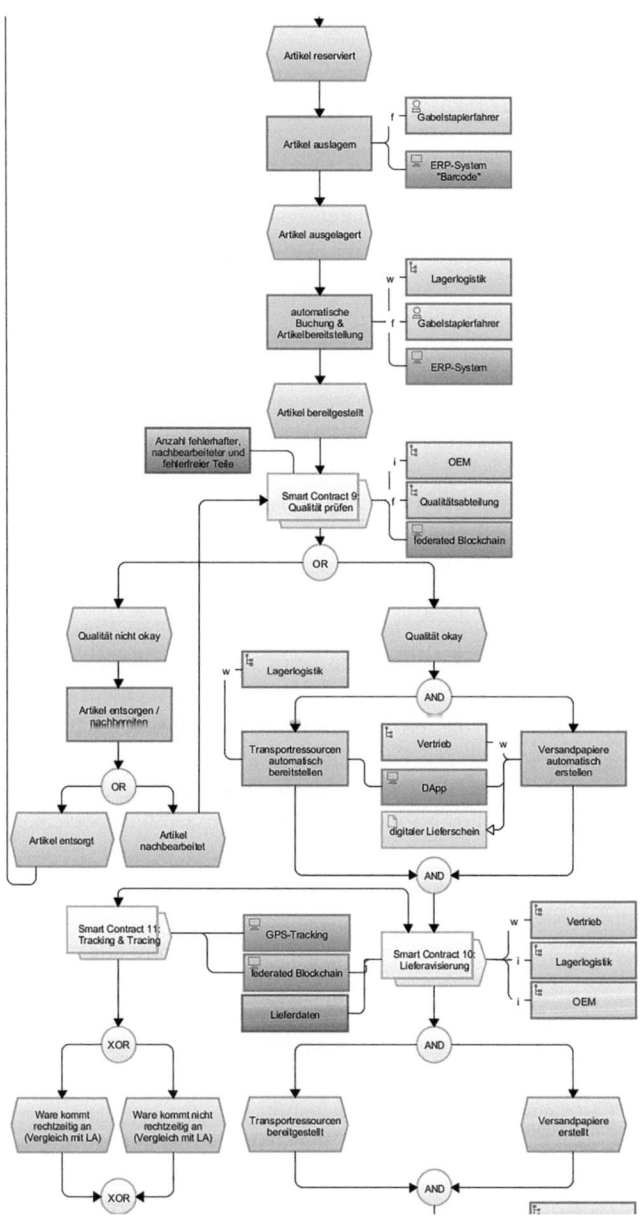

Abb. 3.13 EPK Vertriebslogistik mit BC Teil zwei

3.1 Die Supply Chain von Cisternia Automotive

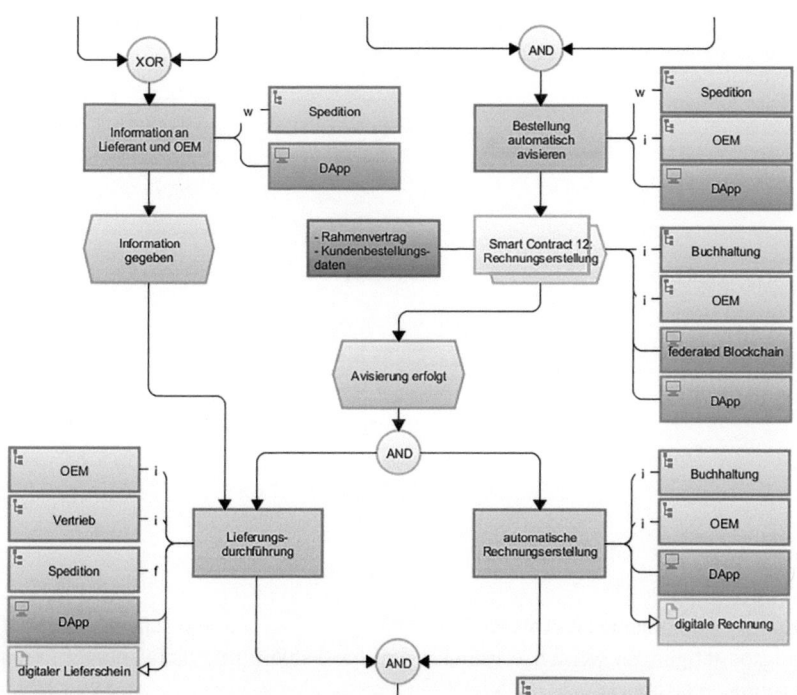

Abb. 3.14 EPK Vertriebslogistik mit BC Teil drei

Die Vorteile bei der Implementierung der Blockchain in den Vertriebsablauf liegen auf der Hand. Zum einen beschleunigt der Smart Contract durch die Automatisierung den Geldfluss deutlich und zum anderen werden Transaktionsgebühren an den zusätzlichen Intermediär hinfällig. Die verschiedenen, an unterschiedlichen Stellen ansetzenden, Smart Contracts ermöglichen eine Optimierung der Prozesskette im Vertriebsablauf, indem der Prozess deutlich transparenter und rückverfolgbarer für alle Beteiligten wird. Der OEM erhält durch die DApps nahezu bei jedem Smart Contract und somit in jedem einzelnen Prozessschritt eine Information, wo sich die Ware befindet bzw. wann diese eintreffen wird. Lieferverzögerungen werden ohne große Verzögerungen direkt und digital an den OEM übermittelt. Allerdings bringen die Smart Contracts auch deutliche Vorteile für die Firma Cisternia selbst. So lässt sich kontinuierlich ihre eigene Ware und der Lagerbestand festhalten und Daten, wie bspw. die Kundendaten oder die Geldströme, lassen sich bestens und nahezu in Echtzeit verfolgen und überprüfen.

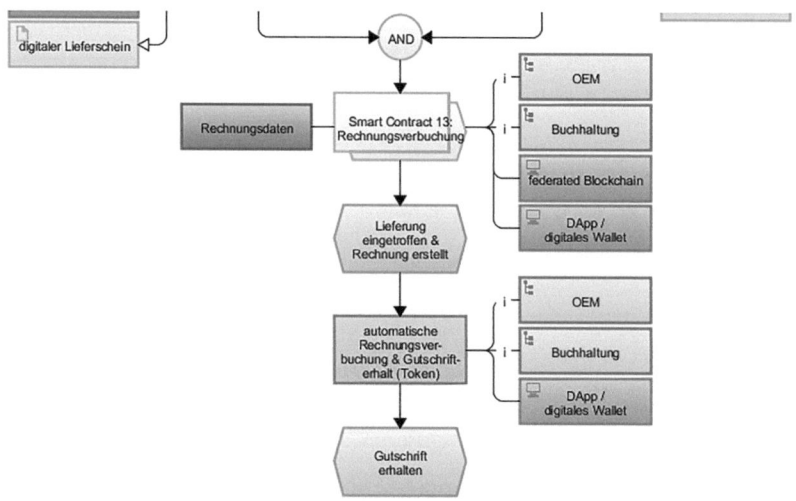

Abb. 3.15 EPK Vertriebslogistik mit BC Teil vier

Komplizierte manuelle Ablagen von Dokumenten wie Lieferscheine und Auftragsbestätigungen werden vermieden und bei Fehlern oder notwendigen Nachprüfungen lassen sich die Fehlerquellen leichter identifizieren.

Der optimierte und abgebildete Prozessablauf bietet eine vorgeschlagene Optimierung für den vorhandenen Vertriebsablauf bei der Firma Cisternia. Neben dem bereits angesprochenen Optimierungspotenzial bei der Auslagerung der Ware mittels der RFID-Technologie lässt sich weiteres Optimierungspotenzial bei der automatischen Grunddatenaktualisierung aufzeigen. Diese könnte zusätzlich über einen eigenen Smart Contract geregelt werden.

3.2 Benchmarkvergleich

Nachdem in den vorangegangenen Kapiteln die aktuellen Prozesse der Cisternia GmbH und deren Optimierung durch die Implementierung von Smart Contracts aufgezeigt wurden, listet dieses Kapitel übersichtlich die Problembereiche der aktuellen Prozesse und die Vorteile der optimierten Prozesse für die jeweiligen drei SC Prozesse auf (vgl. Tab. 3.1).

Tab. 3.1 Benchmarkvergleich Blockchainimplementierung

Prozessabläufe	Problembereiche & Vorteile	Problembereiche aktuelle SC (ohne Blockchain Implementierung)	Vorteile optimierte SC (mit Blockchain Implementierung)
Bestellablauf		~ manuelle Abwicklungsvorgänge führen zu einem erhöhtem Fehlerrisiko, z.B. Hinterlegung von falschen Beständen ~ großes Fehlerrisiko durch manuelles Gegenprüfen und Zählen von Beständen in der Produktion und Wareneingangskontrolle ~ häufige nicht fristgerecht eingehende Zahlungsaufträge beim Lieferant --> Fehler bei Überweisung oder Nichtveranlassung der Gutschrift --> regelmäßige Mahnbescheide und Misstrauen in Geschäftsbeziehung sind die Folge	~ automatisierte Abwicklungsvorgänge senken das Fehlerrisiko von z.B. Übertragungsfehler ~ automatisches Prüfen und Ausführen durch krypto-physische Systeme und Smart Contracts ~ schnellere und sichere Abwicklung von Bürokommunikation und Finanztransaktionen ~ standardisierte Abläufe verschlanken Unternehmensstrukturen ~ Minimierung des Personalaufwand im Tagesgeschäft ~ schnellere unternehmensübergreifende Kommunikation und Aktion ~ objektiver Programmiercode ersetzt Vertrauen in Handelspartner
Kanban Produktion		~ verbaler Austausch zwischen Mitarbeiter und Gabelstaplerfahrer ~ unnötiger und unproduktiver Fahrweg des Gabelstaplers zum Shop ~ zeitliche Probleme an der Linie --> Störungen bei der Warenverräumung --> Störungen bei Entladung von gelieferten Teilen im WE --> kurzzeitige Produktionsstops durch nicht rechtzeitig bereitgestellte Teile	~ schnellere, sauberere und automatisierte Abwicklung ~ Reduktion von humanen Aktivitäten auf ein Minimum --> Verringerung Fehlerpotenzial ~ digitale Datenerfassung ist für Analysen und Prognosen hilfreich ~ Einsparung Kontrollweg --> mehr Zeit für produktive Tätigkeiten ~ Bestellung im Shop erfolgt unmittelbar nach Bedarf an der Linie
Vertriebsablauf		~ komplizierte Artikelbereitstellung --> enormer Zeitbedarf und erhöhte Fehleranfälligkeit ~ keine Lieferverfolgung ~ ungenaue und unverlässliche Ankunftsinformationen --> keine Echtzeitdaten ~ analoge Dokumentation von Dokumenten --> mangelnde Überprüfung und Identifikation von Fehlerquellen --> hohe Fehleranfälligkeit und zeitintensive Dokumentation ~ zusätzlicher Intermediär für den Zahlungsfluss --> hohe Fehleranfälligkeit und zeitintensiver Prozess	~ transparenter und rückverfolgbarer Prozess ~ deutliche Beschleunigung des Geldflusses ~ Hinfälligkeit von Transaktionsgebühren an zusätzlichen Intermediär ~ OEM erhält bei nahezu jedem Prozessschritt eine Information ~ Übermittlung von Lieferverzögerungen direkt und digital an OEM ~ kontinuierliches Festhalten des IST-Lagerbestandes ~ Echtzeitverfolgung und Überprüfung von Kundendaten & Geldströmen ~ leichtere Identifikation von Fehlerquellen bei Nachprüfungen

Fazit und Ausblick 4

Die einleitende Fragestellung, ob die Blockchain nun die Supply Chain des fiktiven Unternehmens verbessert hat, ist definitiv zu bejahen.

Dass Transparenz und Rückverfolgbarkeit in der Supply Chain hinsichtlich Globalisierung, Industrie 4.0 oder Big Data einen immensen Stellenwert einnimmt, ist nur all zu logisch. Die Blockchain Technologie ist, wie in diesem Essential gezeigt, noch in einer sehr frühen Entwicklungsphase und hat noch viele Herausforderungen zu bewältigen, um als Standard in der Industrie anerkannt zu werden. Darunter fällt auch die Datenschutz Thematik, die durch die Blockchain ein neues Kapitel erhält. Gerade in solchen Fragen ist eine staatliche Regulierung unbedingt notwendig, damit die Blockchain sich als Technologie etablieren kann. Das Ziel von wirtschaftlichem Wachstum durch eine immer kostengünstigere, fehlerlosere und schnellere Supply Chain erhält mit der Blockchain-Technologie und ihrem aktuell wohl grenzenlosen Potenzial eine weitere, womöglich entscheidende Alternative, den Übergang in das neue Industriezeitalter einzuläutet.

Was Sie aus diesem *essential* mitnehmen können

(Auflistung von maximal fünf aussagekräftige Punkten zu Ihrem Beitrag)

- Blockchain-Technologie bietet durch seine dezentrale Struktur ein sicheres und für Nutzer transparentes System, das neben dem Finanzsektor auch in Industrie und Gesellschaft eingesetzt werden kann,
- Transparenz für Wirtschaft und Technik ist essentiell. Wichtig hierbei ist, eine Sensibilität zu besitzen gegenüber der Quantität an Informationen, da zu viel Informationsfluss auch kontraproduktiv sein kann,
- Treiber aus sicherheits- und qualitäts-, gesellschafts- und wirtschaftstechnischen Gründen haben einen signifikanten Effekt auf die Ausprägung der Rückverfolgbarkeit. Auch die An- und Herausforderungen der Rückverfolgbarkeit sind besonders im Hinblick auf Einheitlichkeit aller Einheiten, Informationen über Transferort und -zeit eines Produktes und die Verbindung der Einheiten sowie ihrer Bewegungen, sehr vielfältig,
- Blockchain in eine bestehende Unternehmens-Supply Chain zu implementieren, führt qualitativ gesehen zu einer Automatisierung und Effizienzsteigerung in jedem Bereich der vorgestellten Supply Chain Instanzen.

„Zum Weiterlesen" (Weiterführende Literatur als Tipp für den Leser)

Bolten, F. (2017). BVL-Webinar: Blockchain in der Logistik (in Youtube). https://www.youtube.com/watch?v=l1PZhysCCkE. Zugegriffen: 29. Juni 2018.

Dippel, M. (2018). Blockchain Alles in einer Kette – Was die Blockchain für die Logistik leistet. *Logistik Heute,* S. 30–31.

Hofmann, S. (2018). Vorteile und Anwendungsfelder von Blockchain in der Logistik. https://www.mm-logistik.vogel.de/vorteile-und-anwendungsfelder-von-blockchain-in-der-logistik-a-697067/. Zugegriffen: 24. Juni 2018.

Literatur

Arrow, K. J. (1972). Gifts and exchanges. *Philosophy and Public Affairs, 1*(4), 343–362.
Aung, M. M., & Chang, Y. S. (2014). Traceability in a food supply chain: Safety and quality perspectives. *Food Control, 39,* 172–184.
Bosona, T., & Gebresenbet, G. (2013). Food traceability as an integral part of logistics management in food and agricultural supply chain. *Food Control, 33*(1), 32–48.
Dippel, M. (2018). Blockchain Alles in einer Kette – Was die Blockchain für die Logistik leistet. *Logistik Heute,* S. 30–31.
Donnelly, K.A.-M., & Olsen, P. (2012). Catch to landing traceability and the effects of implementation – A case study from the Norwegian white fish sector. *Food Control, 27*(1), 228–233.
Drescher, D. (2017). *Blockchain Grundlagen: Eine Einführung in die elementaren Konzepte in 25 Schritten*. Mitp-Verlags GmbH & Co. KG.
Hong, I.-H., Dang, J.-F., Tsai, Y.-H., Liu, C.-S., Lee, W.-T., Wang, M.-L., & Chen, P.-C. (2011). An RFID application in the food supply chain: A case study of convenience stores in Taiwan. *Journal of Food Engineering, 106*(2), 119–126.
Jansen, S. A., Schröter, E., & Stehr, N. (2010). *Transparenz. Multidisziplinäre Durchsichten durch Phänomene und Theorien des Undurchsichtigen*. VS Verlag.
Kher, S. V., Frewer, L. J., De Jonge, J., Wentholt, M., Howell Davies, O., Lucas Luijckx, N. B., & Cnossen, H. J. (2010). Experts' perspectives on the implementation of traceability in Europe. *British Food Journal, 112*(3), 261–274.
Kornwachs, K., & Lucadou, W. (1984). Komplexe Systeme. In K. Kornwachs (Hrsg.), *Offenheit Zeitlichkeit Komplexität. Zur Theorie der offenen Systeme*. Frankfurt.
Marks, J. (2001). Jean-Jacques Rousseau, Michael Sandel and the politics of transparency. *Polity, 33*(4), 619–642.
Moe, T. (1998). Perspectives on traceability in food manufacture. Trends in food science. *Trends in Food Science & Technology, 9,* 211–214.
Morabito, V. (2017). *Business innovation through Blockchain*. Springer.
Pisa, M., & Juden, M. (2017). Blockchain and economic development: Hype vs. reality. *Center for Global Development Policy Paper, 107,* 150.
Regattieri, A., Gamberi, M., & Manzini, R. (2007). Traceability of food products general framework and experimental evidence. *Journal of Food Engineering, 81*(2), 347–356.

Reisch, L. A., & Oehler, A. (2009). Behavioural Economics: Eine neue Grundlage für die Verbraucherpolitik? *DIW Vierteljahreshefte zur Wirtschaftsforschung „Verbraucherpolitik zwischen Markt und Staat"*, 78(3), 30–43.
Sennett, R. (1987). *Verfall und Ende des öffentlichen Lebens.* Fischer.
Slob, B. (2008). Global supply chains: The importance of traceability and transparency. *Business and poverty: Innovative strategies for global CSR. The global CSR casebook 2008 edition* (S. 167–174), ICEP, CODECA, V.

Internetquellen

Bader, R., & Deckers, T. (2017). Technik und Uses Cases der Blockchain- Wie die Blockchain funktioniert. https://www.cio.de/a/wie-die-blockchain-funktioniert,3264958,2. Zugegriffen: 28. Juni 2018.
Bolten, F. (2017). BVL-Webinar: Blockchain in der Logistik (in Youtube). https://www.youtube.com/watch?v=l1PZhysCCkE. Zugegriffen: 29. Juni 2018.
EvryLabs. (2015). Blockchain- powering the internet of value. https://www.evry.com/globalassets/insight/bank2020/blockchain---poweringthe-internet-of-value.pdf. Zugegriffen: 28. Juni 2018.
Gschwendtner C., & Martin-Jung, H. (2018). Von Hash-Werten und deren Zukunft. http://www.sueddeutsche.de/wirtschaft/blockchain-von-hash-werten-und-der-zukunft-1.3830354. Zugegriffen: 22. Juni 2018.
Hofmann, S. (2018). Vorteile und Anwendungsfelder von Blockchain in der Logistik. https://www.mm-logistik.vogel.de/vorteile-und-anwendungsfelder-von-blockchain-in-der-logistik-a-697067/. Zugegriffen: 24. Juni 2018.
KodakOne. (2018). White Paper https://kodakone.com/fileadmin/white_paper/180424_kodakone_wp.pdf. Zugegriffen: 28. Juni 2018.
Medici. (2018). Know more about Blockchain: Overview, technology, application areas and use cases. https://gomedici.com/an-overview-of-blockchain-technology/. Zugegriffen: 28. Juni 2018.
Schiller, K. (2018a). Die Blockchain Typen im Überblick. https://blockchainwelt.de/blockchain-typen-ueberblick/. Zugegriffen: 16. Nov. 2018.
Schiller, K. (2018b). Was ist eine DApp (dezentralisierte App)? https://blockchainwelt.de/dapp-dezentralisierte-app-dapps/. Zugegriffen: 24. Juni 2018 und 16. Nov. 2018.
Schiller, K. (2018c). Smart Contracts I Übersicht und Erklärung. https://blockchainwelt.de/smart-contracts-vertrag-blockchain/. Zugegriffen: 16. Nov. 2018.
TI Automotive. (2018). https://www.tiautomotive.com/fuel-tank-delivery-systems/. Zugegriffen: 1. Nov. 2018.

MIX
Papier aus verantwortungsvollen Quellen
Paper from responsible sources
FSC® C105338

If you have any concerns about our products,
you can contact us on
ProductSafety@springernature.com

In case Publisher is established outside the EU,
the EU authorized representative is:
**Springer Nature Customer Service Center GmbH
Europaplatz 3, 69115 Heidelberg, Germany**

Printed by Libri Plureos GmbH
in Hamburg, Germany